海上絲綢之路基本文獻叢書

蠶桑萃編（二）

〔清〕衛杰 編

文物出版社

圖書在版編目（CIP）數據

蠶桑萃編. 二 / （清）衛杰編. -- 北京 : 文物出版社, 2023.3
（海上絲綢之路基本文獻叢書）
ISBN 978-7-5010-7934-6

Ⅰ. ①蠶… Ⅱ. ①衛… Ⅲ. ①蠶桑生産－中國－清代 Ⅳ. ①S88

中國國家版本館 CIP 數據核字（2023）第 026240 號

海上絲綢之路基本文獻叢書

蠶桑萃編（二）

編　　者：〔清〕衛杰
策　　劃：盛世博閱（北京）文化有限責任公司

封面設計：鞏榮彪
責任編輯：劉永海
責任印製：王　芳

出版發行：文物出版社
社　　址：北京市東城區東直門内北小街 2 號樓
郵　　編：100007
網　　址：http://www.wenwu.com
經　　銷：新華書店
印　　刷：河北賽文印刷有限公司
開　　本：787mm×1092mm　1/16
印　　張：15.75
版　　次：2023 年 3 月第 1 版
印　　次：2023 年 3 月第 1 次印刷
書　　號：ISBN 978-7-5010-7934-6
定　　價：98.00 圓

總緒

海上絲綢之路，一般意義上是指從秦漢至鴉片戰争前中國與世界進行政治、經濟、文化交流的海上通道，主要分爲經由黄海、東海的海路最終抵達日本列島及朝鮮半島的東海航綫和以徐聞、合浦、廣州、泉州爲起點通往東南亞及印度洋地區的南海航綫。

在中國古代文獻中，最早、最詳細記載『海上絲綢之路』航綫的是東漢班固的《漢書·地理志》，詳細記載了西漢黄門譯長率領應募者入海『齎黄金雜繒而往』之事，書中所出現的地理記載與東南亞地區相關，并與實際的地理狀况基本相符。

東漢後，中國進入魏晋南北朝長達三百多年的分裂割據時期，絲路上的交往也走向低谷。這一時期的絲路交往，以法顯的西行最爲著名。法顯作爲從陸路西行到印度，再由海路回國的第一人，根據親身經歷所寫的《佛國記》（又稱《法顯傳》）一書，詳細介紹了古代中亞和印度、巴基斯坦、斯里蘭卡等地的歷史及風土人情，是瞭解和研究海陸絲綢之路的珍貴歷史資料。

隨着隋唐的統一，中國經濟重心的南移，中國與西方交通以海路爲主，海上絲綢之路進入大發展時期。廣州成爲唐朝最大的海外貿易中心，朝廷設立市舶司，專門管理海外貿易。唐代著名的地理學家賈耽（七三〇～八〇五年）的《皇華四達記》記載了從廣州通往阿拉伯地區的海上交通『廣州通海夷道』，詳述了從廣州港出發，經越南、馬來半島、蘇門答臘島至印度、錫蘭，直至波斯灣沿岸各國的航綫及沿途地區的方位、名稱、島礁、山川、民俗等。譯經大師義浄西行求法，將沿途見聞寫成著作《大唐西域求法高僧傳》，詳細記載了海上絲綢之路的發展變化，是我們瞭解絲綢之路不可多得的第一手資料。

宋代的造船技術和航海技術顯著提高，指南針廣泛應用於航海，中國商船的遠航能力大大提升。北宋徐兢的《宣和奉使高麗圖經》詳細記述了船舶製造、海洋地理和往來航綫，是研究宋代海外交通史、中朝友好關係史、中朝經濟文化交流史的重要文獻。南宋趙汝适《諸蕃志》記載，南海有五十三個國家和地區與南宋通商貿易，形成了通往日本、高麗、東南亞、印度、波斯、阿拉伯等地的『海上絲綢之路』。宋代爲了加强商貿往來，於北宋神宗元豐三年（一〇八〇年）頒布了中國歷史上第一部海洋貿易管理條例《廣州市舶條法》，并稱爲宋代貿易管理的制度範本。

元朝在經濟上採用重商主義政策，鼓勵海外貿易，中國與世界的聯繫與交往非常頻繁，其中馬可·波羅、伊本·白圖泰等旅行家來到中國，留下了大量的旅行記，記録元代海上絲綢之路的盛况。元代的汪大淵兩次出海，撰寫出《島夷志略》一書，記録了二百多個國名和地名，其中不少首次見於中國著録，涉及的地理範圍東至菲律賓群島，西至非洲。這些都反映了元朝時中西經濟文化交流的豐富内容。

明、清政府先後多次實施海禁政策，海上絲綢之路的貿易逐漸衰落。但是從明永樂三年至明宣德八年的二十八年裏，鄭和率船隊七下西洋，先後到達的國家多達三十多個，在進行經貿交流的同時，也極大地促進了中外文化的交流，這些都詳見於《西洋蕃國志》《星槎勝覽》《瀛涯勝覽》等典籍中。

關於海上絲綢之路的文獻記述，除上述官員、學者、求法或傳教高僧以及旅行者的著作外，自《漢書》之後，歷代正史大都列有《地理志》《四夷傳》《西域傳》《外國傳》《蠻夷傳》《屬國傳》等篇章，加上唐宋以來衆多的典制類文獻、地方史志文獻，集中反映了歷代王朝對於周邊部族、政權以及西方世界的認識，都是關於海上絲綢之路的原始史料性文獻。

海上絲綢之路概念的形成，經歷了一個演變的過程。十九世紀七十年代德國地理學家費迪南·馮·李希霍芬（Ferdinad Von Richthofen，一八三三～一九〇五），在其《中國：親身旅行和研究成果》第三卷中首次把輸出中國絲綢的東西陸路稱爲『絲綢之路』。有『歐洲漢學泰斗』之稱的法國漢學家沙畹（Édouard Chavannes，一八六五～一九一八），在其一九〇三年著作的《西突厥史料》中提出『絲路有海陸兩道』，蘊涵了海上絲綢之路最初提法。迄今發現最早正式提出『海上絲綢之路』一詞的是日本考古學家三杉隆敏，他在一九六七年出版《中國瓷器之旅：探索海上的絲綢之路》中首次使用『海上絲綢之路』一詞；一九七九年三杉隆敏又出版了《海上絲綢之路》一書，其立意和出發點局限在東西方之間的陶瓷貿易與交流史。

二十世紀八十年代以來，在海外交通史研究中，『海上絲綢之路』一詞逐漸成爲中外學術界廣泛接受的概念。根據姚楠等人研究，饒宗頤先生是中國學者中最早提出『海上絲綢之路』的人，他的《海道之絲路與昆侖舶》正式提出『海上絲路』的稱謂。選堂先生評價海上絲綢之路是外交、貿易和文化交流作用的通道。此後，學者馮蔚然在一九七八年編寫的《航運史話》中，也使用了『海上絲綢之路』一詞，此書更多地限於航海活動領域的考察。一九八〇年北京大學陳炎教授提出『海上絲綢之路』研究，并於一九八一年發表《略論海上絲綢之路》一文。他對海上絲綢之路的理解超越以往，且帶有濃厚的愛國主義思想。陳炎教授之後，從事研究海上絲綢之路的學者越來越多，尤其沿海港口城市向聯合國申請海上絲綢之路非物質文化遺産活動，將海上絲綢之路研究推向新高潮。另外，國家把建設『絲綢之路經濟帶』和『二十一世紀海上絲綢之路』作爲對外發展方針，將這一學術課題提升爲國家願景的高度，使海上絲綢之路形成超越學術進入政經層面的熱潮。

與海上絲綢之路學的萬千氣象相對應，海上絲綢之路文獻的整理工作仍顯滯後，遠遠跟不上突飛猛進的研究進展。二〇一八年厦門大學、中山大學等單位聯合發起『海上絲綢之路文獻集成』專案，尚在醖釀當中。我們不揣淺陋，深入調查，廣泛搜集，將有關海上絲綢之路的原始史料文獻和研究文獻，分爲風俗物産、雜史筆記、海防海事、典章檔案等六個類别，彙編成《海上絲綢之路歷史文化叢書》，於二〇二〇年影印出版。此輯面市以來，深受各大圖書館及相關研究者好評。爲讓更多的讀者親近古籍文獻，我們遴選出前編中的菁華，彙編成《海上絲綢之路基本文獻叢書》，以單行本影印出版，以饗讀者，以期爲讀者展現出一幅幅中外經濟文化交流的精美畫卷，爲海上絲綢之路的研究提供歷史借鑒，爲『二十一世紀海上絲綢之路』倡議構想的實踐做好歷史的詮釋和注脚，從而達到『以史爲鑒』『古爲今用』的目的。

凡例

一、本編注重史料的珍稀性，從《海上絲綢之路歷史文化叢書》中遴選出菁華，擬出版數百册單行本。

二、本編所選之文獻，其編纂的年代下限至一九四九年。

三、本編排序無嚴格定式，所選之文獻篇幅以二百餘頁爲宜，以便讀者閱讀使用。

四、本編所選文獻，每種前皆注明版本、著者。

五、本編文獻皆爲影印，原始文本掃描之後經過修復處理，仍存原式，少數文獻由於原始底本欠佳，略有模糊之處，不影響閱讀使用。

六、本編原始底本非一時一地之出版物，原書裝幀、開本多有不同，本書彙編之後，統一爲十六開右翻本。

目録

蠶桑萃編（二）

蠶桑萃編（二）

卷三至卷五

〔清〕衛杰 編

清光緒二十五年刻本

蠶桑萃編 卷之三

蠶桑萃編
卷三蠶政

蠶政

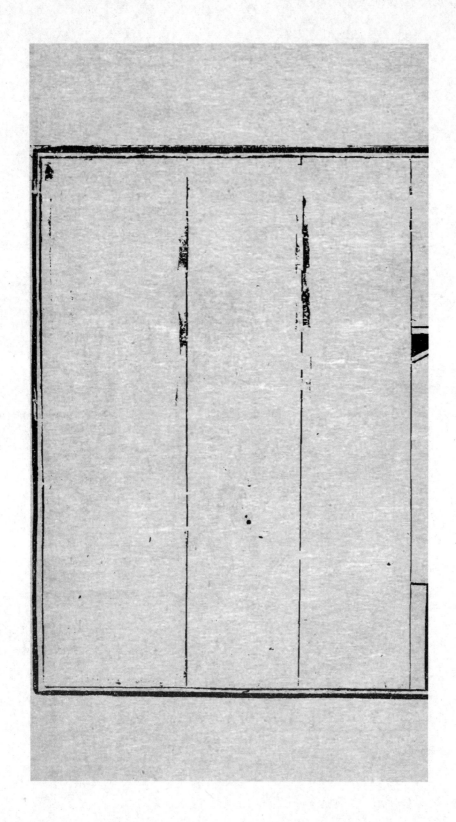

蠶桑萃編敘

古歌辭蠶桑苦女功難得新捐故後必寒言故衣雖敝而女功之重不忍棄也又以見蠶桑之歲事日新又新不能已也是以王符言一婦不織天下受其寒言人之寒有受之者益懍然於功之不可闕而努力以赴之所以養老而宜其家室也獨以其功之難苦而怠惰相安忍焉已烏乎可古之聖帝賢妃務之以勸孝明仁豈得已哉今世去三代數千年矣奮發者富其家宜其鄉官樂而國以爲利昭昭然而或者猶以爲難爲苦不之悟亦可慨已顧其致力也勤其用

心也專亦豈不謂之苦不謂之難也者衞道杰擴摭古法旁搜羣議分條析理以詔來者而袪其所惑其用心之厚析義之精使人得以去迷罔而就事功振數千載欲絕之端緒皎如白日造福祉於無窮傾服震勵慶古義之載昌世有同心人舉而措之以翊邦祉增祿祚固將家置一編以維世局不以爲難不以爲苦而永遠奉行以慰

宵旰之憂勤也已

光緒二十五年十一月

經筵講官 國史館副總裁管理戸部三庫事務工部尙書臣徐樹銘謹敘

蠶桑萃編卷三

蠶政目錄

蠶始類

分雛由蠶種　分檘蠶種

蠶性類

蠶質　忌穢氣　忌喧嘩

忌徑下　忌香腥　忌酸辣苦辛

忌硝臭煙薰　忌蠅鼠　忌兒穢

分陰陽氣　判南北風　寒熱異候

冷煖得宜　明暗得法

蠶室類

宜向南　宜高廣　宜疎爽

宜明亮　宜乾燥

蠶具類

藁薦　箔曲　蠶筐

蠶盤　蠶槌　蠶架

蠶網　蠶匙　蠶箸

蠶杓　葉篩　蠶椽

蠶料類

食料　火料　糠料

蓐料　箔料　簇料

薦料　盤料

蠶飼類

代食　不食　勿食雨葉

勿食露葉　勿食霧葉　勿食黃沙葉

勿食臭葉　戒食熱葉　戒食枯葉

戒食水氣葉　戒食灰桑葉　戒食雞桑葉

採葉類

採葉勿過早　初桑採淨　二桑少採

地桑靠地割條採有次第　採須辨時

雨前翦葉　雨中採葉　買葉

審候類

粗細　疾徐　飼晝夜

劣繭　稱輕重　攤涼

剝外衣

蠶政三十類一百六十三則

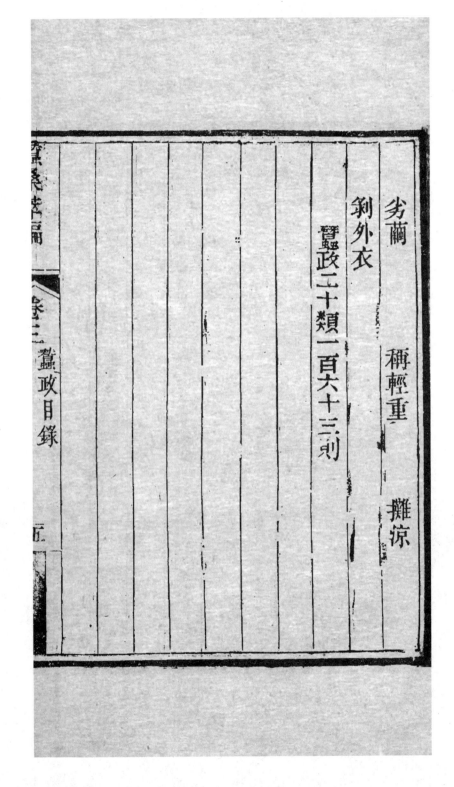

蠶桑萃編蠶政卷三

蠶始類

原始

古西陵氏之女嫘祖爲黄帝元妃始教民養蠶治絲繭以供衣服而天下無皴瘃之患後世祀爲先蠶

敬蠶神攷

蠶室全備安設先蠶位不忘本也歷代所祀不同如漢祀宛窳婦人寓氏公主蜀有蠶女馬頭娘又有三娘爲蠶神者又南方祀蠶花五聖者後世之溢典也夫農桑固天畀以養民重寶必有所司之神以主之

故農祭先農蠶祭先蠶神農始教稼穡是爲先農黄帝元妃西陵氏始爲室養蠶是爲先蠶事蠶者先書先蠶神位畫像亦可安蠶室高潔之處稽古制祭先蠶壇壝牲幣如中祀禮此后妃祭先蠶禮也蠶書云卧蠶之日割雞設醴以禱先蠶此庶人祭先蠶禮也自天子后妃至於庶人之婦禮雖不同敬奉之心則一凡養蠶家下蟻之日蠶多力厚者設三牲酒醴蠶少力微者割雞設醴點燭焚香將筐置先蠶几案蠶毋率闔家奠醴拜禱

祈蠶文

祝曰惟蠶之原伊駟有星蠶事之興聖母肇成氣鍾孕育惟神適從保之佑之有箔皆盈尚冀終惠用彰厥靈簇老獻瑞繭盆效功敬獲吉卜克契心盟神其來享爰祀惟誠

讀蠶歌

歌曰先蠶赫赫有神靈助我三春蠶事成萬箔千槌都順遂絲多繭好慶豐盈

舉蠶母

蠶母者主蠶室牽飼蠶也每室必立一人以腹節飢飽以身測寒熱愛護珍惜如慈母育嬰故有母稱男

婦皆可爲之男忌臭穢女忌產婦若俗云某婦命裏不宜蠶某相屬不宜蠶乃陰陽師巫及鄉愚妄言必不可信又有改門換戶謟禱神祇虛費財用其實無益

業蠶銘

銘曰世業農桑既興我室比臨蠶月復事塗飾桃茢祓除神主斯立曲植既具籧筐乃集連蟻方生若不厥密婦以毋言育有慈德爰求柔桑入此飼食寒燠身先是爲體測上無疏薄下無溼漏簾箔垂門龕火在壁夜窗或遮風實時窒頗忌北風宜障西日他工

莫興外人莫入庇護攸安漸至捉績祈祀以時願獲終吉神實相之簇如雪積分繭稱絲來告功畢

貴辨名

蠶生卵曰子子初生曰蟻亦曰烏曰蠶花曰蝸兒子先出者曰蚢亦曰報頭蟻漸大曰蠶亦曰蝝曰絲蟲蠶老吐絲曰繭亦曰蠒曰蠶衣

貴辨化

蠶作繭成化而爲蛹亦曰螝曰繭蟲曰蠶女蛹化爲蛾亦曰羅蛾穿繭而成又復生卵蠶屎曰沙蠶皮曰殼亦曰衣曰蛻繭外浮絲曰繭縹亦曰窠曰外衣

貴辨眠

蠶卧曰眠亦曰俯眠後脱殼曰起初眠曰頭眠二眠曰停眠三眠曰出火四眠曰大眠將眠曰紅懶思亦曰青懶思他蠶盡眠此蠶猶食葉曰食娘眠者曰眠娘起者曰起娘將老而口中吐絲繚繞爲繭曰繚娘老者色微紅絲喉漸亮曰老娘曰紅蠶

貴辨子

初習養蠶必先覓子有產江浙者種雖佳移置他省寒暖氣候不同種因之而變產四川者移之直省無地不宜若以川桑飼川蠶立見成效然種類不同未

可一例視也

貴察形

蠶之爲狀無牝無牡或白或烏或徧體斑斕長約二寸粗如小指頭高而皮皺喙呐呐似馬食葉如馬食料身儀儀似蠋赤體也腹方背圓頭尾之外中凡七節每節各有青紋爲界第二節內有黑瘢二形曲如月老則黑瘢漸隱第五節亦如之腹之兩旁每節各有黑點一共十四點左右各七臨老時黑點如故腹下八足左右各四在三四五六節之內項下六足左右各三蠶之吐絲結繭全恃此六足踐踏而成尾上

有肉笱笱尖向後尾顛有小缺

貴觀變

蠶化爲蛹形略似蠶但身短無足蛹化爲蛾形似蝶而小其色粉白眉旁張如兩角句曲如畫頭小尾禿其身長腹細者雄也身圓腹大者雌也雌大而雄小頭尾而外中分六節項下有六足左右各三肩上左右各二翼一內一外內翼高於外翼四翼皆有紋理形如蒲葉分雌分雄先孕後交不交亦產子但所產之子自蟻至老雖具蠶形卻無眉目不能成繭

貴審色

蠶子初下色黃次轉青過六七日又轉黑將出變綠又變灰色不日卽出初出色黑三日後漸變白又變青復變白又變黃是爲頭眠將眠色白眠定色黃頭眠起後微黃又由黃而白由白而青復由青而白由白而黃是爲二眠至三眠大眠亦如之將老微黃已老微紅而亮

分鹹種

浴子鹽滷繭小而絲重勝於淡種然上簇時見亮則遊稽延時日遜於淡種

分淡種

浴子以石灰水不用鹽鹵大而絲輕雖見亮而不甚
遊

分三眠

種有鹹有淡下連後七日初眠又七日二眠又七日
三眠又五六日或七八日而老

分四眠

種亦有鹹淡下連後七日初眠又四五日二眠又四
五日三眠又四五日大眠又四五日而老比三眠蠶
多一眠然自下連至老總計時日與三眠蠶相等

分白絲種

此種極佳絲光亮染色鮮明花樣精彩其價值亦高

分黃絲種

種不如白價值稍低惟染硃紅元青天青三色最佳若染別色遜於白絲

分柘蠶種

生於柘樹之上不費人力一云即棘繭

分蚢蠶種

食蕭葉作繭者此絲可紡棉作粗綢

分雔由蠶種

食樗葉作繭者名雔由蠶皆山蠶也

分槲蠶種

食槲葉者一歲再生樹上紡而織繭綢者種皆山蠶類但用水以去沙泥作罯以防烏雀而繭自可成

蠶性類

蠶質

蠶純陽之物以氣化也食而不飲屎而不尿自初生至老均不尿惟上簇作繭時先撒尿耳聚而不散守而不走未老之先有遊走者病蠶也既老之後有遊走者欲作繭也

忌穢氣

蠶喜潔而惡穢聞臭氣則結縮即青白好蠶頃刻變成黄色不復食葉三日後輒死故養蠶人身手皆宜潔淨蠶房內不可放便桶溺壺及一切不潔之物

忌喧嘩

蠶喜靜而惡喧蠶房內忌哭泣叫喚怒駡并忌敲門窗棹凡動蠶架蠶盤院內忌餧養雞犬鵝鴨

忌溼下

蠶喜燥而惡溼傷溼則生白醭貼沙之病醭酒上白也

忌香腥

蠶屬氣化香能散氣聞香則焦黃而壞凡麝檀等香及辛香之物皆不可近又忌油腥氣蠶屋不可煎炒凡燈油蠟油菜油麻油桐油均不可沾著蠶身又桑

葉沾油蠶食必斃

忌酸辣苦辛

蠶忌酒醋葱韭蒜薤薑椒苦蕒等氣凡飲酒及葷腥者不可切葉不可餧蠶體蠶以臭氣自口而出手有苦蕒氣沾蠶則青爛而壞

忌硝臭煙薰

蠶忌硫磺煤炭氣又忌燒皮毛骨頭油漆煙薰灰塵蠶受各物氣薰及吸煙氣口流黃水立可見殭又桑葉沾塵食之亦壞

忌蠅鼠

蠶忌蠅鼠蠅集蠶身則生蛆鼠喜食蠶則蠶壞宜養貓

忌兇穢

蠶忌穢語狎褻及生人與凶服人如不禁止蠶即變壞或沿箔遊走或不食葉凶服人入蠶多暴壞

分陰陽氣

蠶喜陽氣而惡陰氣儻爲陰氣侵濡必多白殭晴暖時須開窗以通陽氣

判南北風

蠶喜通風而惡迎風不通風則溼鬱不除天時晴明

時遇南風須捲北窗遇北風須捲南窗若遇風閙窗則傷風必節長口禁又蠶屋倉卒開門入暗射蠶身俗云中賊風蠶必紅殭

寒熱異候

予在漣喜極寒蟻初生喜極煖眠時喜温頭眠二眠三眠起後喜煖大眠以前若受寒冷老時必爲殭蠶即不作繭大眠起後喜凉三眠蠶只有三眠無大眠以第三次眠即大眠也臨老喜漸暖上簇喜極煖

冷煖得宜

養蠶者須知冷煖得宜不可傷冷傷冷則亮頭不可

傷熱傷熱則腫腳不可傷火傷火則焦尾又正當寒時不可令其驟熱正當熱時不可令其驟涼驟熱驟涼均易生病

明暗得法

蠶初生時喜暗大時喜明方眠喜暗眠起喜明初上簇喜暗成窠後喜明

蠶室

宜向南

屋以坐北向南爲上坐南向北坐西向東次之不可坐東向西以西風非長養之氣且當西晒如有西窗宜窗外搭棚遮之

宜高廣

蠶屋不可太低低則不免鬱蒸亦不可太窄窄則難容盤架此爲養蠶多者而言少則隨便

宜疏爽

蠶屋前勿留大樹恐遮蔽陽光屋後屋左右勿接偏

廈南廈隔陽氣北廈隔陰氣附地宜開風窗以除溼氣兜如貓洞窗戶宜用捲紙便啟閉也

宜明亮

屋之前後均宜開窗窗臺離地二尺五寸不必太高高則屋內黑暗難辨眠起屋頂宜開亮窗每間開一三處助光明也

宜乾燥

蠶屋內有地板甚佳無則地下用蘆席及草薦鋪墊四壁亦用草薦圍襯可隔潮溼屋舊則預先泥補薰乾蠶生前幾日以牛糞煨火薰之薰時須閉門窗勿

令煖氣外出蠶生前一日稍開門出煙煙盡仍閉如屋有潮溼蠶多生白醭貼沙之病如偶積塵埃須預先打埽收拾乾淨

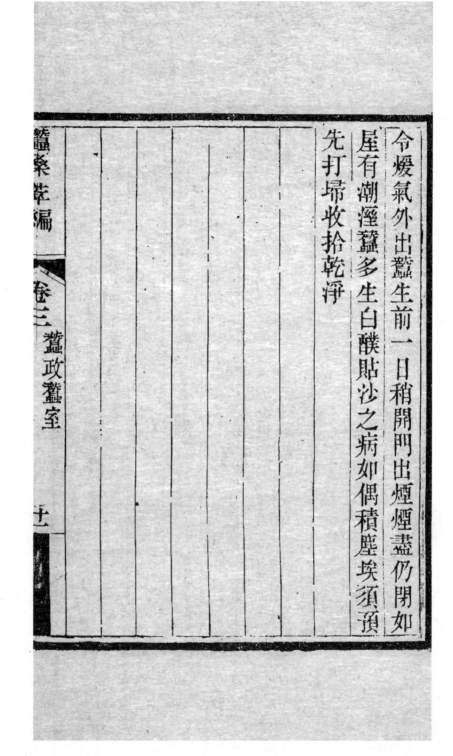

蠶具類

藁薦

南方蠶初生之時天氣尚寒預織藁薦掛門窗遮蔽風寒蒲草稻草爲上麥稈穀草次之如編葦箔法北方有布門簾風門更佳只可用薦遮窗戶

箔曲

曲箔承蠶具也禮記具曲植曲即箔也顏師古註云葦箔爲曲北方養蠶者多於宅院後或園圃多種葦以爲箔材秋後芟取或細竹冬時及正二月皆可織其制闊五尺長一丈以二椽棧之懸於槌上至蠶分

拾去蓐時易於卷舒以廣蠶事

蠶筐

筐者古盛幣帛竹器也今用育蠶名亦同蓋形制相類圓而稍長淺而有緣適可居蠶闊三尺長五尺南筐皆縱八尺闊六尺以竹編之或用雜柳木作方筐經久則底振不平又用木作筐架以葦席作底周圍用竹篾子壓住葦席四邊錠在筐架上底用順木三條自然挺硬堅久亦且輕便蟻蠶及劈分時用之擱架上易於拾飼

蠶盤

蠶盤盛蠶器也移蠶上簇皆可用之或以竹編或用木框以疏簟爲底長七尺廣五尺出入抬用頗便

蠶槌

禮季春之月具曲植植即槌也務本新書曰穀雨日監槌立木四莖各過梁柱之高其槌隨屋每間豎之立木外旁刻如鋸齒每莖各刻齒十一層每層去一尺每齒上掛桑皮繩環一箇環內橫貫長椽稍縋鉛齒之下椽上平鋪葦箔凡槌十懸中空九寸以居抬飼之蠶移之上下皆可農桑直說每槌上中下間三箔上承塵埃下隔溼潤中備分抬至蠶老九箔皆滿

獨留一箔以備抬蠶抬畢二人餵之餵畢二人將椽箔掌起轉移頂頭齒環內下箔層自高明仍復餵之餵畢仍掌起移上二層如此層層抬餵上移至就地仍留空箔在下不可移動俟再餵之時又層層下移復坐上箔如此周而復始餵之甚便

蠶架

架以承筐承盤昔用四柱架今用三柱架尤省工料大小架皆三角式大架用植柱三根前二後一高八尺每柱各開八孔每孔相去各八寸中設橫檔八層每層用前檔木一根長六尺兩頭逗左右柱上檔木

之中平逗短筍長四寸後檔木一根長三尺一頭嵌後柱孔內一頭裁筍口銜於前檔木之中間短筍上筍上穿孔用竹釘縮住以便轉移摺疊小蠶宜用小架北方有秫秸最好作架以麻繩紮之用釘綮於屋之四壁每層擱以葦簾更爲省事蠶畢拆去作薪

蠶網

蠶網者抬蠶除沙之網也爲蠶事要具養蠶諸事皆易惟除沙揀蠶甚是勞苦揀久則手熱沾熱則汗出結薄繭所以養蠶不多惟嘉興湖州用網抬蠶每歲收絲數百斤其餘各省皆未有也法以二網輪流抬

換捷便甚妙卽養數百箔無難矣網之寬窄視蠶盤之大小用新細麻織之或塗以生漆或塗以豬血和石灰仍以粗麻繩穿邊甚足耐久或用爛魚網照蠶盤裁翦補綴完好用細蔑絲穿邊亦可其除沙法待蠶食葉已盡將網蓋於蠶上以桑葉撒在網上蠶聞葉香穿網而上將網抬起可以埽除下面蠶沙殘葉卽將網輕放勿動迨飼一晝夜又將網蓋蠶上仍如前經理故除沙必用二網爲便若一網則費功尤恐傷蠶又頭眠時劈分用匙頭眠後用麻布孔如豆大二眠用麻布孔如小指大三眠後用網亦無不可

蠶匙

劈分黑蟻匙也蠶初生三四日之間抄厚恐鬱熱薰蒸生病宜急分劈而用密網抬跌落驚傷後多不旺法以竹片或桑木削爲方寸杴樣大小不等各數張欲分劈時將葉厚篩蠶上俟蠶上葉時以匙輕挑薄帶抄燠分布於淨筐相去二三分筐滿篩葉飼一日夜可滿筐俟蠶大方用網抬因蠶小用網猶恐在網下見傷此匙輕便分明抉然可以無損遠勝網抬

蠶箸

箸以竹爲之長八寸比常用箸略細一頭削尖磨令

極光爲夾取小蠶之用

蠶杓

杓以桑木爲之或無氣味之木亦可其首大如酒杯柄微曲長二三尺如蠶盤內布葉不勻則用杓盛葉以補其處至蠶老歸簇或稀密不勻亦用杓均布之儻有不及以竹接柄

葉篩

飼蠶布葉篩也蠶小時以手撒葉未免厚薄不均壓傷小蟻用竹編小篩徑五六寸孔如胡椒大將葉細切置篩內勻篩勿過厚蠶食均勻自然眠起皆齊

蠶椽

椽架蠶箔木也或竹竿或柏樹或松木長一丈二尺每層以二條相對架於槌上以擱蠶箔須直而輕者不可用雜木恐蠹蛀蟲屑墮蘗上蠶食之有傷

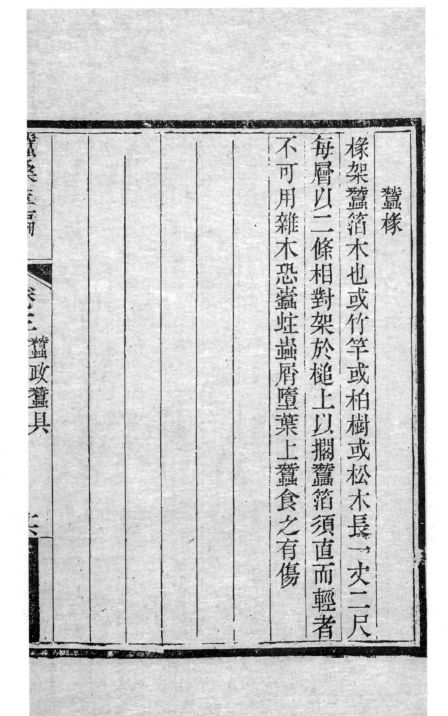

瀛寰[illegible]編　卷三　十[illegible]

蠶料類

食料

預備蠶食之料其要有三曰桑葉麪深秋桑葉欲落趁未黃摘下早採則來年傷桑眼遲採則自落少津液臘月內擣磨成麪收存無煙火處春蠶大眠後患熱病以桑麪治之此料并可肥牛羊曰綠豆粉臘八日以新水浸綠豆薄攤晒乾磨細成粉或臨時將綠豆浸溼俟生芽晒乾磨粉亦可蠶大眠後拌葉飼之可解熱毒曰米粉淨淘白米蒸熟作粉用與綠豆粉同

火料

一用牛糞牛喜蠶沙蠶喜牛糞冬月收牛糞晒乾春煖時搥碎拌水杵築成餅於蠶屋內燒之最爲有益

一用乾柴絲忌煙薰煮繭之柴宜早備晒令極乾

糠料

一用糠灰將稻糠煨焦存性自初出至三眠每體蠶一次卽篩糠灰於盤內每眠起一次卽撒糠灰於蠶身最能收潮一用石灰宜陳不宜新宜細不宜粗眠定時篩石灰於蠶身上可收溼氣且易於退殼

蓐料

曰茅草臘月收茅草擣輭作蠶蓐最佳以茅草不蒸熱也曰稻草麥草皆可作蓐

箔料

每歲秋冬間收蘆葦織而爲箔箔上可安置蠶簇

簇料

鐵埽帚即地膚苗也作蠶簇最佳桑子梢稻草麥草均可作山

薦料

稻草黃野草皆可作草薦

盤料

或用竹或用荆條或用小桑條以臘月砍伐者佳編爲蠶盤則不生蟲

蠶飼類

代食

凡桑葉之外可食者六曰蒿白蒿可餵小蠶曰蒿苣大眠起後桑葉缺少以蒿苣補之曰柘柘葉堅硬非小蠶所能食惟三眠起後大眠起後可先飼柘葉次飼桑葉若先飼桑恐蠶不食柘此爲桑葉缺乏不能供蠶食者而言乃以蒿柘代之有桑之家無須乎此然儲之亦可療蠶病

不食

桑葉有蠶不食者四曰芽萷萌芽初出也俗名眼頭

其味苦澀曰毛背桑葉牆而帶毛蠶不食曰金葉葉上有黃斑者亦名金桑其樹將槁曰油葉色黑如油也因筐內貯葉過於緊實所致

勿食雨葉

雨後摘下之葉既溼且寒不可令蠶食大眠以前食之則變褐色生瀉病即或不病老來必成氣水蠶不作繭

勿食露葉

露未乾時摘下之葉爲露葉惟大眠起後遇天晴無霧可用帶露葉因露爲天酒能補助好蠶使後來繭

絲光潤若病蠶食之卽輙壞大眠以前食之亦生瀉病

勿食霧葉

霧中摘葉爲霧葉霧有毒大眠以前食之蠶老必成白肚蠶肚下有白水流出沾好蠶身上亦壞若遇霧天須將門窗關閉

勿食黄沙葉

遇大風時塵沙四起桑葉沾沙蠶食之則病脹

戒食臭葉

大眠之後桑可澆糞甫澆卽便摘葉爲臭葉亦云肥

葉穢氣未退大眠前食之則蠶身粗肥皮膚光亮如油漆謂之肥青當眠不眠如澆糞過七日則不忌矣

戒食熱葉

當烈日中摘桑爲熱葉澀而不潤蠶食之則腹結頭大尾焦

戒食枯葉

摘下被風吹乾者爲枯葉全無津液蠶食之則腹結頭大尾焦

戒食氣水葉

桑葉堆積過久一經熱蒸便生氣水爲氣水葉大眠

前食之卽成白肚蠶

戒食奄桑葉

小桑未滿三年爲奄桑小蠶不可食食則生病大眠後桑葉缺少無妨兼用

戒食雞桑葉

雞桑卽花桑也其葉甚薄邊有鋸齒以之飼蠶多成薄繭

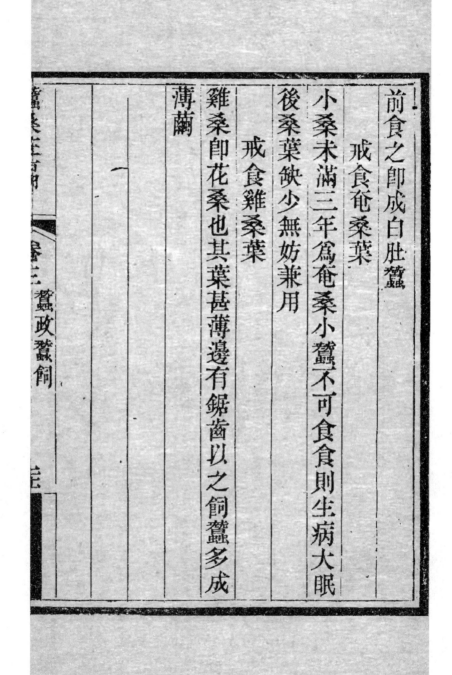

採葉類

採葉勿過早

各種桑樹惟地桑今年栽次年可採大桑鋸斷之後嫩條叢生次年亦可採大桑及毛桑粗如蔗如盞者接換得法一二年亦可採此外之桑均不宜早採小桑初栽除應刪枝條連枝帶葉一並翦去外其應留枝條葉雖大不可採接本桑移後五年可採大桑秧今年栽次年接六年可採小桑秧今年栽次年接三年再移七年可採如移栽小桑秧照大桑秧法六尺遠一株接後不再移六年可採壓枝插條今年栽次

年接如大桑秧法六年可採如所壓所插枝條栽插後不再移五年可採所謂年數採者係指全樹採盡不留一葉而言也

初桑採淨

二三月之間桑萌芽爲初桑葉不淨則鳩腳必多須於芒種後採完不剩一葉雖蠶食有餘亦必去之

二桑少採

夏至前後已採之桑又抽條長葉爲二桑以二桑葉餵夏蠶須斟酌去留勿多採恐傷損過甚春桑不旺

地桑靠地割條

以厚背鋼鐮将地面上條葉靠地割下若用鈍鐮不
能一割即斷則條椿不齊必致雨浸傷根

採有次第

擇桑色較老者先採之留嫩葉以待長足勿傷芽觜
蠶初生時食葉尚少只可採底葉即芽觜旁邊先放
一兩葉者雖留之亦不長二眠以後食葉漸多仍採
底葉採盡則摘瞎眼即芽觜放兩三葉而中心無芽
者留之雖長亦不多三眠以後食葉愈多須辨老嫩
大眠以後則桑已長足可開剪矣

採須辨時

採葉時宜晴明遇雨遇霧遇黃沙勿採晝所食葉宜辰刻採之夜間及次日清晨所食葉宜申酉刻採之黎明露未乾嫌溼中午日色正盛易枯均不宜採

雨前採葉

天時難知晴雨自有常理或聞鳩喚或羣蟻出穴或家雞上籠過遲或連朝大霧或天氣過熱或礎石同潤或商羊起舞或西山雲起或夕陽黑雲接日皆是將雨之徵須採足二三日之葉以爲之備葉少則以缸甕鬆儲葉多則以無風日處鋪席於地鬆堆之但屋小地狹堆葉太厚則溼熱薰蒸蠶食必病或貯以

篋簍較為穩妥

雨中採葉

雨前採葉不過備二三日之用儻葉不足用雨仍如故不得不於雨中採葉以布夾之少頭即乾新布宜白舊布不拘色以淸水洗淨或用乾麥白米拌之亦少頭即乾未淘者恐有灰大眠後需葉甚多則翦取長條於有風不飄雨處懸之亦少頃即乾若以隔年臘月所製桑葉麪拌溼葉內可收溼氣且有益於蠶尤妙桑葉經霜并可解熱毒

買葉

蠶多而桑葉不足須約計所少之數預先買定勿買金桑葉毛桑葉雞脚桑葉大麥地内桑葉又勿買遠道桑如不得已買自遠處行二十餘里須放風一次恐挑運太遠下墜緊實踰時卽油於中途擇有風無日處發而鬆之俗云放風

審候類

粗細

切葉之粗細視蠶之大小切則易勻亦較省也蠶初生時布葉宜細如絲綫初眠起後可寬一分二眠起後可寬三分三眠起後可寬五六分至大眠起後可食全葉但去枝與莖耳

疾徐

食葉之疾徐不盡關乎冷煖初起時食不甚疾將眠將老時亦不甚疾其最疾者二眠三眠中間之三兩日也

飼晝夜

養蠶無巧食足便老故蠶必晝夜飼頓數多者速老而絲多頓數少者遲老而絲少過小滿則無絲矣將眠未眠之時及大眠後數日尤爲要緊勿令稍餓大眠以前受餓則老來頭內空白不作繭爲亮頭蠶大眠以後受餓則絲少

飼須勻

每布葉後須繞盤細看何處葉未勻即用蠶杓盛葉添補若不勻則饑飽不一眠起必不能齊

詳加減

蠶有三光白光向食青光忞食皮皺爲饑黃光以漸住食故飼蠶之節必視蠶所變之色爲加減不可過亦不可不及當減而加失之太過亦傷則禁口不食生病而眠遲當加而減失之不及必餒則氣弱生病亦眠遲而繭薄

量厚薄

蠶小布葉宜薄蠶大布葉宜厚大眠以後蠶老以前布葉宜極厚每將眠時布葉宜頻且宜薄每眠起時布葉宜薄且宜緩

分眠起

昔人於眠起取齊之法至周且密如能依法行之極齊蟻齊眠起自無不齊之理間有一時不盡眠不盡起者又有抽飼斷眠之法抽減已眠之葉專飼未眠之蠶如十分中有黃光三分則是眠者三分未眠者七分卽抽減桑葉三分以七分葉專飼未眠之蠶如十分中有黃光七分則是眠者七分未眠者三分卽抽減桑葉七分以三分葉專飼未眠之蠶然總不如初飼均勻自免挹彼注茲之敝

已眠未眠同置一器辨

蠶之已眠未眠同置一器其說必不可從眠者色黃

純黄之中有由白而漸黄者與純黄不甚相違頻飼以督之猶可相及若已見純黄又多靑白則與純黄相去遠甚飼雖頻亦不能及且蠶眠一晝夜以安靜不擾爲得所今以靑白者尙多飼而亂之動而擾之則先眠者失所矣迨靑白未眠者變而欲眠則前之眠者已起因後者方眠而停起者之食起者旣不堪其餓因前者已起而不停起者之食眠者又不堪其擾多病少絲實由於此故抽飼斷眠之法必不可從飼蠶者須分别眠與未眠未眠者另置他器頻飼以督其眠已眠者置之靜室以俟其起

易器類

撿蠶法

先用粃糠燒灰卽稻穀殼俟葉已食盡用絹篩篩糠灰於蠶上灰宜薄勿厚取其爽利再布以葉蠶皆脫灰而出旣集葉上或以蠶筷輕夾或以蠶匙輕挑置於他器但蠶身太小最易損傷須連葉帶蠶夾出並畧帶蠶屎桑渣有未上葉者布葉一次挑夾一次大眠以前可用此法若大眠以後用抬網除之可也

勤除蠶沙

蠶沙者蠶屎渣也以此盤之蠶移置彼盤除去蠶沙

謂之體剖蠶屎乾鬆者無病溼沾成片者有病有病宜除無病亦宜除不除則桑渣既厚蠶屎又多溼熱薰蒸無病者亦生病後多白殭或身上黃糙或頭上頸上發黑點黑斑甚有徧身生黑斑點者雖一樣食葉不生絲腸到老不作繭初眠以前隔兩日除一次初眠以後一日除一次二眠以後一日除一次天氣過熱一日一除天氣過涼一二日一除各省地氣寒煖不同天時冷熱遲早不等且有忽冷忽熱之時相時撿除不必拘泥每次將眠之候尤爲緊要

分蠶法

分蠶宜快不快則箔內堆積逾時蠶身出汗後必損耗雖有老時作繭必薄移蠶宜輕不輕則遠擲高抛互相擊撞將來上簇必多赤蛹布蠶宜稀不稀則强者得食弱者受餓必至遶盤遊走

蠶大宜分

一盤蠶分爲兩盤蓋蠶初生如蟻頭眠時大如衣線長約半分二眠時粗如綿紗線長約一分三眠時粗如麻線長約二分大眠時粗如錢繩長約五六分大眠起後餵葉一晝夜可長至寸許臨老時約長二寸不分則漸長漸大愈大愈擠必有積壓損傷之患大

約新蟻一盤至老可分爲三十盤

架留空盤

架上蠶盤無論多少上層下層均應空留一盤上可以防塵埃下可以隔潮溼

盤鋪草蓐

盤內用茅草爲蓐須細切擣輭平鋪蓐上再鋪乾淨紙紙須揉輭以數張黏爲一張

留子類

選蠶

養蠶必先留子種重在選蠶蠶無病種乃無病大眠後擇蠶之整齊强健者日以蕻頭葉飼之即枝頭最茂葉也食之則蠶力壯比衆蠶更加小心愛護老則另搭一簇置蠶於簇以火烘之繭可速成

擇繭

採繭後速將繭外一層幪絲剝去即繭絖也以辨雌雄尖緊腰小爲雄圓漫腰大爲雌分作兩筐一一單排不宜堆積恐致蒸鬱置於靜室透風處勿搖動動

則受驚雖變蛾而不能生子俗云癡蛾勿緊靠牆壁十日外則蛾出又繭在簇之上而堅硬潔白者多子繭在簇之下而寬鬆者少子。

揀蛾

一日出者曰苗蛾最後出者曰末蛾皆不可作種惟二日以後出者可用并有拳翅秃眉赤肚焦脚焦翅焦尾黑紋黑身黑頭諸病者仍不可作種須揀出置屋內柴草上細擇無病者分別雌雄以兩器儲之先以稻草心鋪器內使蛾有立脚處不至鼓翅盤旋空耗氣力但蛾出於五更前後者居多五更前後蠶蛹

脫殼向繭頭上吹氣鑽孔而出四更時須有人看守

俗云看蛾即將雌雄分儲勿稍遲延

對蛾

蛾出旣多將雌雄併在一處任自配合俗云對蛾旣

對之後一一提置空筐關閉門戶以稻草簾圍之勿

令見風見風則易拆散滿筐擾亂亦有不見風而拆

散者爲走對將兩蛾提置一處以小盆覆之則復對

矣勿令見霧觸臭穢氣并忌觸油醋煎熬氣對滿四

箇時辰卽拆開雄蛾另放一處俗云拆對如卯初對

者於午未拆之辰初對者於未末拆之拆對早遲不

可太過早拆則來年多不眠之蠶遲拆則來年大眠後多高節而拖白水之病

收子

拆對之後以雌蛾提置空筐以蠶連另鋪一處俟雌蛾撒尿後再勻置蠶連之上尿以粉紅及微黃者爲上白色次之黑色者揀去勿用不可疏亦不可密疏則子有空缺密則子有堆積四面用木界尺攔住再以他物架空蓋好使之透風仍避西北風避霧避日光霧蘊毒日光見但經半日蠶子便滿連矣連上寫記日期以同日所生之子爲一起如有空缺卽日補

滿否則次年蟻出不齊大約雌蛾一隻可下子三百肥大者可下子三百餘十雌蛾下子三千餘次年可收蟻一錢百雌蛾下子三萬餘次年可收蟻一兩雌蟻生子之後就連上覆養三五日再令下連則氣更完固下連後置屋內柴草上俟十八日後掘淨土坑將雌蛾雄蛾苗蛾末蛾一並掩埋免爲禽鳥所食不忘本也

稱連

雌蛾未下子之先須將空連稱準分兩記於連背下齊之後合而稱之可約計來年收蟻數目大約子連

重一錢者可收蟻七分重一兩者可收蟻七錢

掛連

蠶子既滿布連上擇至中潔淨通風處以竿懸厰除溼氣隨即摺好縛以小帶掛空高潔靜處如恐梅風一起蠶子破殼俟敞六七日後子色變黑用絹篩篩陳石灰於連上以制之以不露蠶子爲度再行懸掛便不出矣掛連之處勿靠牆壁勿用麻繩子近麻則不生勿被風磨損須以兩連背相靠令蠶子向外方免損傷忌腥香臭氣及煙煤薰蒸恐胎氣蘊熱以後必生病掛至初冬摺置箱篋早收則蠶不旺待時而

浴可也

蠶連

連以紙爲之卽蠶種紙也以裱過厚皮紙爲上薄則不禁洗浴用煮繭繅絲湯泡過者佳不泡則種在紙上易於脫落用布作連更佳不拘新舊以方爲貴若尖斜則蛾每生子於布外

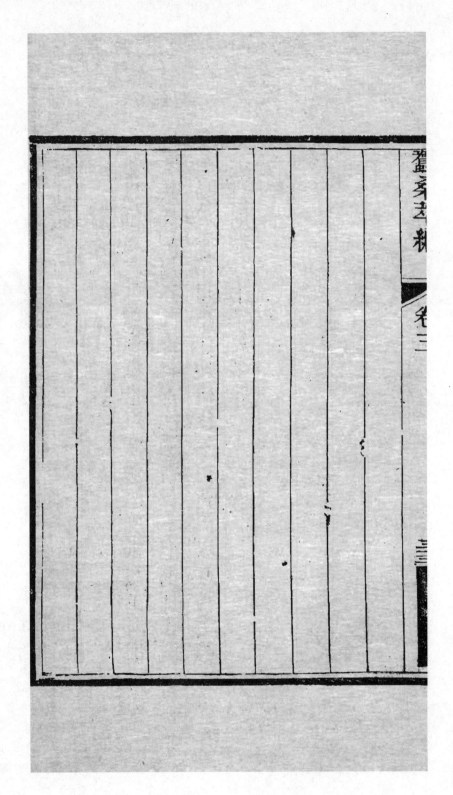

浴子類

鹹浴

浴鹹種以鹽滷借鹹氣以斂子之無力者使不得出則所出者皆有力矣其法有四

鹹浴

臘月八日以鹽滷泡水浸蠶連今晨浸次晨起出泡綠茶極濃候涼置蠶連於茶汁中輕輕漂淨滷氣以舌試之無鹹味乃可揀淨處懸掛候乾仍置箱篋勿壓緊勿近香氣俟明年穀雨時收養此一法也

鹹浴

臘月十二日先將蠶連浸溼次以桑條灰撒連上如收子後已篩石灰於連上者浴連時不必再撒桑條灰揩之浸於鹽滷中如浮起以磁器壓之至二十四日取出以河水滌去其灰懸掛候乾仍置篋中此二法也

鹹浴

臘月十二日先將收子後所篩連上石灰輕輕撲去次以炒熟鹽搗碎勻鋪連上以不露蠶子爲度隨卽揩好浸涼茶中至二十四日將連取出以清水頻輕沃之勿漂去蠶子除淨鹽氣任其自乾照舊揩好以

緜衣護之置箱中此三法也

鹹浴

臘月十二日將蠶連稱準每蠶連紙一兩用食鹽二錢和水研碎勻鋪連上以手沃溫水澆之約半時辰將連貯於篩內安放屋上露三晝夜然後收掛高燥處此四法也

淡浴

鹹浴之外又有淡浴之法浴鹹以鹽滷使劣蠶不得出浴淡以石灰亦使劣者不出理則同而法不同其法有三

淡浴

臘月八日以石灰泡水浸蠶連一日取出再浸於冷茶汁內漂去石灰性懸掛候乾仍置箱篋此一法也

淡浴

臘月十二日用風化石灰置盤內以沸湯沖之候手指可浸將蠶連對摺令子在裏面浸於盆底以手掌連按數周勿太重按後以雙手拖起離水爲度如水有熱氣不可久浸暫出水以疏其氣旋又入水照樣浴之如是者三次浴畢泡極濃茶亦候至手指可探時將蠶連黏定之灰洗去以竿懸之則子之氣機通

暢來年易生易育此二法也

淡浴

臘月十二日稱蠶種每蠶連紙一兩用石灰三錢化濃汁勻鋪連上以手沃溫水澆之約半時辰取貯篩內置屋上露三晝夜然後收掛高燥處此三法也

早去尿毒

前論鹹淡各法均係臘月浴連乃爲雌蛾上連時已經撒尿而言若上連時蛾未撒尿則尿遺連上自初生至臘月溺毒薰污至八九月甚遺胎養之方生子十八日後遇天氣晴明日未出時汲新水浴連約一

頓飯時侵去尿毒仍取出懸掛三伏內再以新汲水浴一次至臘月八日或十二日仍照舊法鹹種以鹽浴之淡種以石灰浴之

生蟻類

煖子時

清明後穀雨前取蠶種置懷中或裹以緜花即煖子也然清明穀雨亦就大概而言各省節氣寒煖不同煖子遲早不一大約不論何省不論節氣只看桑上生葉大如茶匙便是煖子之候以此爲準旣不失之太遲亦不失之太早如桑葉未生切勿早煖

煖子法

蠶子將出之時先變綠色卵中皆清水次顏色帶紫次紫變爲綠則水化爲蠶矣或煖在未變綠色之先

或煖在已變綠色之後或分作兩次生蟻其法約有
三

煖子

桑樹放葉如錢大時取蠶連搨好以桑皮紙一重包
之切勿過厚恐煖氣不到晝置於懷內裏衣外沾人
身煖氣則子易出夜置被絮內近身處不可壓只看
通連碧綠便是轉匀之候再用緜花包好由綠色變
灰色次日即出矣自煖子至子出約六七日此煖在
未變綠色之先也

煖子

蠶子變綠色不時取閱見變青黑色內有一二細如頭髮蠕蠕欲動是蠶子將出仍密藏之俟桑抽嫩葉取出蠶連溫於懷中半日攤開置煖處又半日即出此煖在已變綠色之後也

煖子

如不置於懷中以二連相合爲一層連背向外層層平鋪以綿花包裹厚三四寸再裹以潔淨綿襖外覆衣被置溫室牀上常用手試探以被底有溫和之氣爲妙如恐留種太多日後繅絲太忙即分作兩次生蟻亦可後一次比前一次遲十日須藏蠶子於罋內

置冷處封罎口勿令風熱透入十日後取出蠶子一見熱風蟻自破殼而出

煖子禁忌

忌大熱恐蟻不出出亦焦枯不旺忌大寒恐出遲則先後不齊忌乍熱乍寒恐子損壞勿置產婦身上勿置粗人身上恐出汗熱蒸勿只煖一面須表裏互換煖氣均勻出方齊整勿當風看視恐殼乾不易出也

初出宜防護

蟻之初出者名報頭以燈草長四五寸者數十莖勻鋪連上再行摺好以防壓損

後出分去留

蟻生均在午前過午則不生不過三日即當出齊第三日摘野薔薇葉放鍋內炒燥揉爲細末將蠶連平鋪篩內置明亮處以薔薇末勻撒連上子得香氣頭刻盡出或隔年枯桑葉炒燥揉末亦可過三日後出者棄之

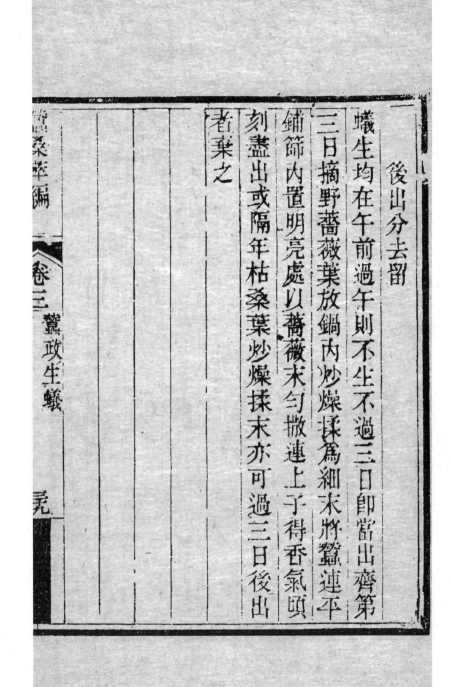

收蟻類

下蟻時

蟻三日出齊須同時下連三日內蟻在連上不飼葉無妨但小蟻畏冷巳前下連則餘寒尚在午後下連則煖氣已退宜於巳午時擇無風處下之

下蟻法

新蟻微渺如髮最易損傷下蟻者或以雞鵝翎埽撥或以桃柳枝敲打連背皆非善法其最妙者出齊之後用快刀切桑葉細如絲髮勿早切致乾津液用篩子篩於盤內蠶蓐上勿過厚然後以蠶連覆葉上蟻

鬬葉香自然下連就葉倘覆葉多時尚不下連或緣上連背翻轉仍不下此病蟻也並連棄之

分先後

三日出齊之後同時下連係指本連之蟻而言若此連與彼連之蟻生有先後則下連亦有先後頭一日下連之蟻第二日下連之蟻須各置一器切不可合併一處恐將來眠起不齊

酌多寡

下蟻之多寡以桑葉之多寡爲準故養蠶者必須量葉下蟻新蟻一錢三眠時約可得蠶一斤每三眠蠶

一斤前後食葉約一百四五十斤此湖州養蠶法也
新蟻一錢大眠時約可得蠶五斤或六斤每大眠蠶
一斤前後食葉二十五斤大眠蠶五六斤前後食葉
一百三四十斤此杭州養蠶法也一就三眠時計算
一就大眠時計算前後食葉斤數不甚參差然葉在
樹上何由知其多寡於先一年桑葉正茂之時取一
全樹之葉稱準斤數合而計之桑樹若干株可得若
干斤即以今年桑葉之多寡預定明年桑葉之多寡
可以知大概也

桑樹計斤

大約肥大桑樹每株可採葉三四十斤有桑四株可得葉一百三四十斤便可養蟻一錢老桑樹及瘠土桑樹每株可採葉一二十斤有桑七八株可得葉一百三四十斤亦可養蟻一錢養蠶之家若不知預先計算下蟻時一味貪多後來葉不接濟蠶必受餓誤事不小或桑葉有餘而人力不眾房屋不寬器具不多則亦未便多養此養蠶極宜計算也

稱輕重

養蠶者知桑葉之多寡而不知蟻之輕重毫無把握不是蠶多葉少便是蠶少葉多昔人成法有以雌蛾

之多寡定蟻之輕重者有以子連之輕重定蟻之輕
重者此皆約略計之惟收蟻之時稱其輕重較爲的
確蟻未出時子在連上先將蠶連稱準記分兩於連
背俟新蟻下連之後再稱空連除去空連分兩若干
便知蟻重若干此法最穩若待蟻生之後埽聚一處
以紙包裹再稱則蟻必受傷矣

蠶桑萃編　卷三

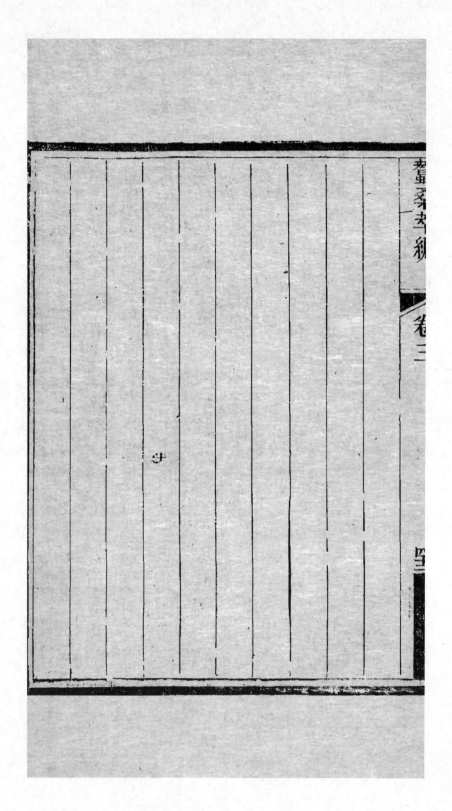

育蟻類

飼葉

蟻初下連只食葉之津液飼養之法桑宜宿澆則津液自多葉宜現摘則津液不乾刀宜薄快潔淨勿用菜刀鈍則葉無液切宜極細粗則蟻難食篩葉宜勻宜薄不勻則饑飽不一不薄則葉未食盡津液已乾下連後一二三日尤宜極薄又須隨摘隨切隨篩恐津液易乾不能久停如遇天氣晴和每日可飼葉五六次如布葉薄多兩次亦可黃昏時一次略厚如遇陰寒蟻不甚食葉須用綿被將盛蟻之器四面包裹

蟻得煖氣便食葉矣

取齊

擇種記日則收種齊鹹淡醃種則浴種齊煖氣均勻則煖種齊先後分器則收蟻齊減頓加餐則育蟻齊此五者皆齊之於先也迨育蟻時又有一日取齊之法頭一日下連之蟻比第二日下連之蟻多飼三四頓將頭一日之蟻置稍涼處以減其頓將第二日之蟻置煖處每日加一二頓不過數日自與頭一日之蟻頓數相當再各飼三十頓可以齊眠矣

分開

飼葉數次之後便覺其密用蠶箸輕撥再飼葉數次又覺其密又撥開或將細葉篩於蟻上俟蟻上葉用蠶箸輕夾分布别器或用蠶匙輕挑亦可

剔蠶沙

蟻下連二三日蠶屎桑渣堆積漸厚以粃糠灰薄篩蠶上如法剔除另易他器紙下須襯灰初次剔出桑渣須烘晒令乾以備蠶眠起齊後之用

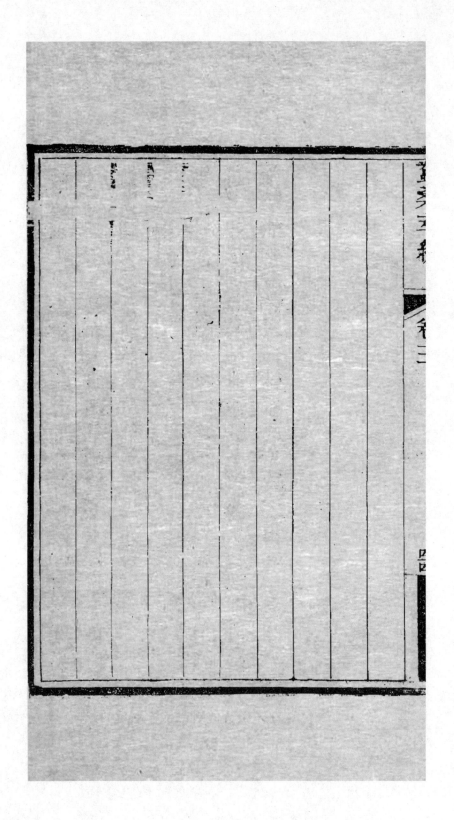

頭眠類

將眠

蠶將眠時自下蓮日算起至六日或七日卽頭次將眠之候以上葉次數計之約在三十次外　將眠之狀頭帶綠色尾帶淡紅色俗云見紅綠絲身肥皮緊色白而亮由青轉白亮在已變白色之後未變黃色之前口吐絲於葉上俗云沸絲此時將打裝尚未打裝打裝則仰面向上身子不動乃熟眠之狀非將眠之狀　易器之法眠時不可驚動趁其將眠未眠剔沙一次如云蠶變黃光時急須剔沙其說不可從以

黃光一見蠶即熟眠眠後剔沙恐不堪其擾又云將眠之先三四餐食葉最旺旺葉後必沸絲沸絲後即打裝急剔沙一次此說善於體會以剔沙應在沸絲之前不應在沸絲之後也蠶色善變初起色灰越二日夜變爲青光又一日夜變白光漸發亮又一日夜變黃光當白光發亮時即打眠不過一時必然沸絲宜趁白光發亮將沸未沸之際速用網抬過剔除蠶沙若黃光一見剔除已屬無及且蠶眠將起時全賴此絲扯住脚跟方能脫去蠶殼打眠時絲已沸盡至此始行剔除必將眠脚扯斷將來起娘之殼必難脫

卝此至要關頭也剝沙後必須飼葉飼宜勤 上葉宜薄保護之法宜煖宜微明忌風忌穢氣比平時更要勤防

熟眠

蠶熟眠時從下連後算起至七日或八日即是頭眠之候從沸絲算起一晝夜方能箇箇眠成蠶不眠則殼不脫殼不脫則身不長 眠熟之狀色微黃頭向上身不動爲打眠裝觜觜縮入不食爲結觜觜縮之後旋又徐徐吐出爲吐觜觜上隱隱有尖角紫蔭至吐全爲眠娘 保護之法宜暗宜温煖煖則一日夜可

脫殼寒則一日半或二日宜避風忌西北風不忌則吐觜不出宜避穢不可飼葉勿驚動蠶器蠶方吐觜如驚則觜縮入若再吐便不容易用粃糠灰篩於蠶上或用細石灰以收潮溼則眠娘易於脫殼置靜室以俟其起

眠未齊

易器之法未眠與已眠不宜併在一處先一日眠者必先一日起後一日眠者必後一日起若勉强合併則一器內有已眠未眠覆壓擾亂甚不相宜必須篩糠灰於蠶上布桑葉於灰上俟未眠者脫灰而出卽

移置他器　飼葉之法易器後飼葉宜勤飼至數次則未眠者亦眠矣前言頻飼以督其眠即此時也眠定仍篩糠灰於蠶上以俟其起　青頭蠶易器飼葉之後仍不能眠養之無益檢出棄之

頭眠初起

蠶眠起時自下連後算起至八日或九日眠者脫殼而起以眠後計算約一晝夜即起　眠起之狀眠娘色微黃觜微闊衣已盡褪則起俗云起娘衣皮也眠一次則觜闊一次衣寬一次保護之法宜微明微煖禁止煎炒一見起娘即禁油腥氣恐吹入蠶室起娘

嗅氣則登時生病不必急於飼葉因口尚嫩恐有觜已濶而衣未盡脫者食葉早則腹大未脫之衣便難脫矣必待箇箇起齊方可飼葉

頭眠起齊

飼葉之法箇箇起齊灰下無一眠者再看桑渣蠶屎上有絲布滿則起娘觜老便可飼葉先於室中焚香一撮蠶聞香便思食此是醒胃之法每一晝夜約飼四五次頭眠起齊之後二眠之前中間三四日勿令受餓設有小病到老必無收成起齊後第一次布葉宜薄宜勻俟食去三分之二再布一次不必食盡第

三次布葉不妨稍厚以後蠶漸大葉亦漸厚食盡再布易器之法天氣煖隔一日剔一次天氣寒則隔兩日所易之器紙下仍襯以灰　保護之法宜煖宜明忌風忌穢

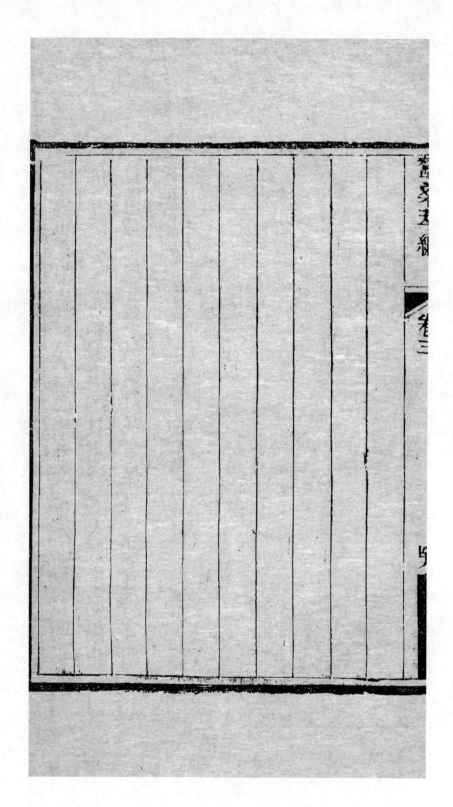

二眠類

將眠

二眠蠶將眠時頭眠起後越四晝夜卽是二次將眠之候亦有因天氣煖和越三晝夜卽要二眠者以上葉次數計之約二十次以內此指四眠蠶而言若三眠蠶頭眠起後越七日纔二眠　將眠之狀與頭次將眠同　易槑飼葉保護諸法均與頭次將眠同

熟眠

蠶熟眠時從頭眠起後算至五日或四日卽是二眠之候若從下連後算起約十一二日或十三日便當

二眠　熟眠之狀與頭眠同　保護之法亦與頭眠同

眠未齊

易器飼葉均與頭眠未齊時同

二眠初起

眠起之時從眠後計算一晝夜即起　起娘之狀與頭眠起娘同　保護之法亦與頭眠初起同

二眠起齊

飼蠶之法與頭眠起齊同此時勿使蠶受餓每一晝夜須飼五六次　易器之法天氣煖一日剔一次此

時桑渣蠶屎較前益厚天氣寒則隔一日所易之器
紙下不必襯灰如遇天氣過冷隔一日仍不須剔用
茅草隔蒸之法俟晴和再剔　保護法與頭眠起齊
同此是緊要關頭切勿使蠶受病

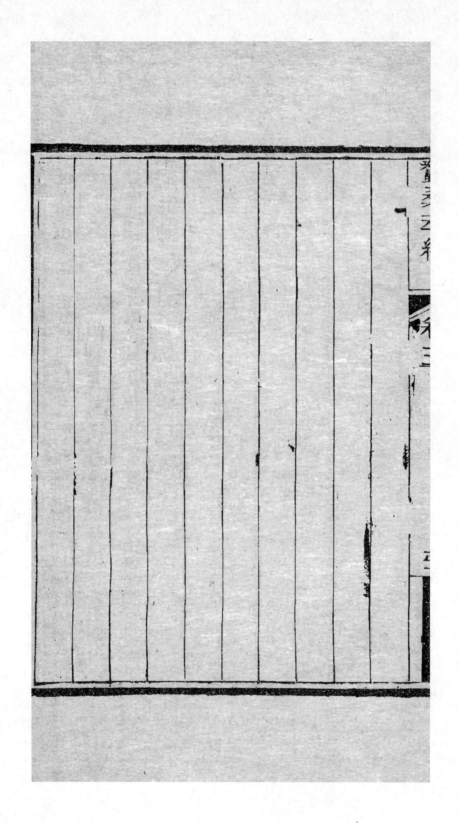

三眠類

將眠

三眠蠶將眠時二眠起後越三四晝夜又將三眠以上葉次數計之約在二十次內外此亦指四眠蠶而言若三眠蠶則二眠起後越七日纔三眠「將眠之狀與頭二次將眠同 易器飼葉保護諸法均與頭二次將眠同

熟眠

蠶熟眠時從二眠起後算至五日或四日卽是三眠之候若從下連後算起約十六七日或十八日便當

三眠　眠熟之狀與頭二眠同惟頭二眠糞上隱隱有尖角三眠糞上明明有尖角稍不相同耳　保護之法與頭二眠同　稱蠶之法眠定後逐一檢出勿破損其身勿擦傷其糞恐脫殼不下置光滑器內以秤稱之爲以後桑葉計也三眠蠶一斤至老時可得繭八九斤或十斤不等前後食葉一百四五十斤除三眠以前所食不計外以後須食葉一百餘斤稱時須人多手速緩則久壓致傷稱准仍置蠶盤篩糠灰於蠶上以俟其起又有俟大眠眠定時方以秤稱之只篩灰於蠶上不計斤兩蓋先後稱法各有不同也

眠未齊

易器之法篩灰布葉與頭二眠未齊時同所不同者惟篩灰布葉之後未眠蠶脫灰而出有在葉下食葉者不過遲眠數刻須飼葉以俟其起不必移置他器有在葉上食者用手輕拈另置他器不用蠶箸若以蠶網抬之亦甚便　飼葉之法易器後仍飼葉以督其眠與頭二眠未齊時同　稱蠶之法未眠者眠定仍以秤稱之稱準後仍篩糠灰於蠶上以俟其起如此時不稱祇篩灰以收溼氣　青色蠶者色甚青皮內如油不食葉而在葉上掉頭不佳似有所苦終不

能眠眠亦無用宜急棄之

三眠初起

眠起之狀三眠亦以晝夜爲率　起娘之時與頭二眠起娘同　保護之法亦與頭二眠初起同

三眠起齊

飼葉之法箇箇起齊方纔飼葉與頭二次起齊後同所不同者甫經開口未餵桑葉之先可飼柘葉兩三次旣飼桑葉切過三四次以後用整張大葉此時食葉較速須晝夜布葉每一晝夜飼葉八九次白晝約六七次天寒食葉緩約四五次黃昏時布葉一次略

厚三更後布葉一次略厚　易槑之法與二眠起齊
後同與頭眠起齊後不同　保護之法與頭二眠起
齊後同惟起齊之次日可去蓐草與頭二眠起齊後
不同耳

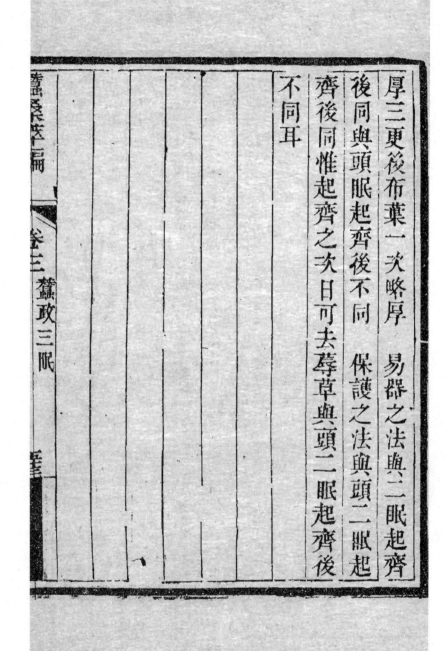

大眠類

將眠

大眠蠶將眠時三眠起後越四晝夜又將大眠亦有早至三日遲至五日以天氣有冷煖食葉有疾遲也以上葉次數計之約在三十次以外此亦指四眠蠶而言三眠蠶只眠三次無大眠　將眠之狀與頭二三次將眠同　易器飼葉保護諸法均與頭二三次將眠同

熟眠

蠶熟眠時從三眠起後算至四五日或六日即是大

眠之候若從下連後算起約在二十一二日內外便當大眠　將眠之狀與三眠同　保護之法與頭二三眠同　稱蠶之法眠定後逐一檢出置平底盤中不拘方圓竹木忌新油新漆盤滿以秤稱之大眠蠶一斤老時可得繭二斤前後食葉約二十五斤除大眠前食不計外此後須食葉二十斤外稱時須人多手速稱準則置盤內每斤分五六堆旁留餘地以待其散用粗絹篩極細陳石灰於堆上以收溼氣再用閘刀將秈稻草截作半寸覆石灰之上以不見蠶身爲度以待其起此杭州稱蠶法也若湖州則先於三

眠眠定時稱之大眠眠定時不稱只篩石灰

眠未齊

易器之法與頭二三眠未齊時不同蠶上不篩糠灰只用整張大葉勻鋪其上以葉之光面向上其已眠者伏葉下不動未眠者必上葉就食連鋪葉數次葉上蠶多即再鋪葉未眠與已眠已隔數層桑葉將葉捲起則未眠者盡在葉間隨即勻鋪他器　飼葉之法易器後仍飼整張大葉以督其眠　稱蠶之法未眠者眠定仍以秤稱之稱準後仍以石灰覆蠶上以俟其起

大眠初起

眠起之時大眠一晝夜後蠶必脫灰脫草而出倘天氣寒冷則起稍遲有遲至兩三日者宜靜候不可設法催促　起娘之狀與頭二三眠起娘同　保護之法與三眠初起同

大眠起齊

飼葉之法視其眠起即便飼葉第一日先飼柘葉五六次再飼桑葉絲乃韌而有光無柘則專飼桑葉第二日巳午刻間以臘月所藏綠豆粉拌桑葉飼一次先攤桑葉於蠶盤內以新水洒拌再用細羅篩篩綠

豆粉於葉上拌令極勻每葉一筐用水一升豆粉四兩飼蠶五六斤可解熱毒且蠶絲堅韌有色易於抽繅或用臘月所藏熟米粉拌桑葉飼之亦可第三日以臘月所製桑葉麪拌桑葉內飼三五次洒水篩拌與拌豆粉同若專餵桑葉更佳第四五日專以桑葉飼之蠶自大眠之後食葉愈速布葉宜勤不拘正反面不忌溼沙葉須晝夜飼養食盡即布勿令稍餓每一晝夜約飼十餘次此時多食一口葉則上簇後多吐一口絲　易器之法莫妙於用蠶網大眠起齊之後食葉愈多桑渣蠶屎較前更厚不剔則蠶受蒸鬱

臨老多病此時舊皮纔脫蠶腳尚嫩未可挪動早剔恐觸傷蠶腳日後必絲纏不純惟以蠶網剔之可免受蒸鬱又不觸傷動腳且簡便省力如無蠶網勿早剔俟天煖則於起齊後二日剔之天寒則於起齊後三日剔之三日後日剔一次緣蠶腳漸老偶爾觸動亦無傷也　保護之法與頭二三眠起齊後同但頭二三眠起齊後宜煖大眠起齊後宜凉以蠶長十分葉增十分渣多尿厚易於發熱須捲起窗外簾薦開窗下風兜並剪開窗紙漸漸透氣恐蠶陡見風日驚而生病惟雷電交作時須密閉窗門勿令電光射入

或西南風起或夜氣太冷須放下門窗簾薦若天氣暴熱門外置甕貯以清水或洒水於門外地上以透冷氣天氣平和則勿用也　白水蠶者起齊後兩三日見有蠶身獨立其節高聳不食葉而常在葉上往來脚下有白水宜急去勿使沾染他蠶沾者卽爛

蠶老時

大眠起時飼葉四五晝夜卽老以上葉次數計之約在五十次內外自下連至老約二十五六日或二十七八日

蠶老狀

身肥背小長約二寸粗如小指色微黃如糙米色取向光處照之絲喉漸亮身漸輭爲老娘蠶色暗將老則喉間先亮蠶身硬將老則漸輭再薄飼三五次俗云上馬桑使通身透明通身柔輭中有一絲跳動遊走不食是欲作繭急宜上簇

上蔟類

屋宜通氣

蠶將老則洒埽屋内束草爲簇無樓板者佳因瓦縫參差可以通氣若在樓下安簇須先揭起正中樓板一二塊否則日後繅絲恐不爽利俗云悶頭繭

窗宜明亮

安簇之屋必有窗戸乃可透亮但須遮蔽風日以免傷損

架宜平穩

先用高板櫈兩條安置兩頭次用竹竿三四根横置

橙上務須平正穩固再將蘆箔鋪竹竿上然後豎簇
於箔

帚宜扭開

南方之油菜桿北方之鐵埽帚作簇最佳俗云山帚
如無山帚以稻草爲之惜草梢散亂必輭而毛輭則
載蠶不起毛則多浮絲豎簇時先去散亂葉次將草
把中間以繩紮縛而齊切兩頭再將草把扭開立於
蘆箔使下如覆椀上如仰盂草把空處薄撒亂草以
承墜蠶

簇勿孤立

蠶簇分層排立必使枝幹交錯互相支柱其簇乃穩

簇勿靠牆

蠶簇不可緊靠牆壁恐緣牆而上將有作繭於瓦縫間者並遊至極邊不免失足墜地於蘆箔近牆處以草把塞之使遊簇之蠶不能遠走

蠶簇均勻

上簇之蠶不宜太密密則二三蠶合結一繭其絲淆混難繅簇之多少以蠶爲準約每簇一帚可上蠶七八十枝屋寬一丈深二丈安簇可上蠶五六十斤

勿阻貓路

繭怕鼠咬箔下須留貓路

隨老上簇

其色微紅其軀如綿通身明亮即是蠶老之候未老上簇失之太早上簇一兩日始作繭俗云停山既老不上簇失之太遲盤內吐絲上簇結繭必薄必須隨老隨上方為得法如有老蠶以大桑葉鋪之未老則食葉如常已老必起至葉上昂頭如有所求即於葉上一一取之俗云提老蠶葉盡再鋪隨提隨鋪至老蠶太多以柳枝提之將枝勻鋪葉上俟老蠶上枝使兩人執包袱四角微凹其中一人將柳枝提出略一

摇擺則老蠶即下所提所提之蠶均用盤置簇上此上簇法也

簇上加簇

蠶上簇一兩日後有未結繭而昂頭向上者以竹枝或柳條勻插簇上相隔七八寸可令結繭俗云山上加山俟已成窠過十分之九始用此法如太早則不必矣

避風日

蠶初上簇宜避風避日

戒驚駭

蠶將成繭時勿挪動蘆簾架子動則蠶口一縮如受驚狀每棄將成之繭另結一繭夜間看火勿令燈光上射須戴笠而進或遮以扇因蠶見燈光則昂頭昂則絲斷日後繅絲必亂

時啟閉

蠶老上簇先成繭後結繭未成繭以前宜暗不宜明須將窗門關閉無窗門者以蘆席遮掩既成繭以後宜明不宜暗須開窗門揭蘆席令屋內透亮

冷蠶絲

蠶老上簇蘆簾架下不用火爐約四五日方能成繭

爲冷蠶絲繅時易斷亦費工夫各省皆用此法少知改變惟杭湖不用其絲獨佳

熱蠶絲

蠶上簇架下用火約兩晝夜卽可成繭爲熱蠶絲蠶簇温爽吐絲快利法以炭火置簾下仍將炭盆頻移以手探之使滿簾温和卽是恰好之候簇外以稻草簾圍之既可避風又免熱氣分散俗云關火門或焚香一撮引蠶吐絲上簇第一日最爲要緊第二日火力比第一日稍微惟上簇時勿早用火熱蠶絲繅時不斷亦極省事且色亮而有力江浙間多用之

晾棚

熱蠶絲兩晝夜後繭已作完聽之無聲即將火盤及遮圍之簾一併除去俗云晾棚

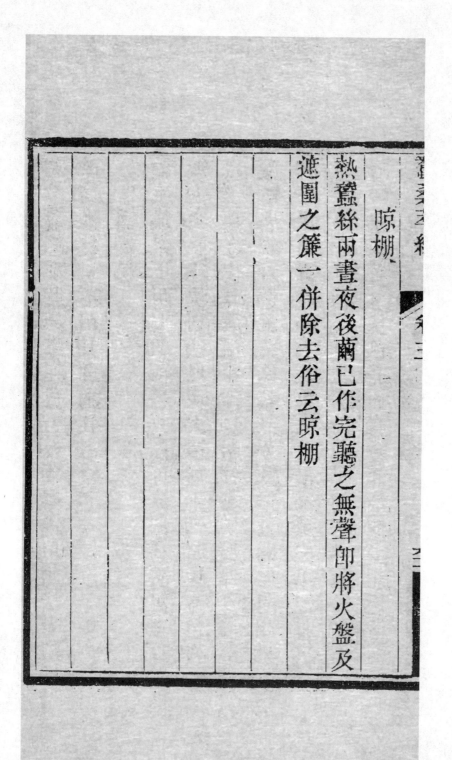

摘繭類

摘時

摘繭不宜過遲令蠶絲上簇後六七日可摘熱蠶絲上簇後三四日可摘

摘法

先上簇者先摘後上簇者後摘如帶內有黑腐之繭宜速去之將好繭摘下用手宜輕

別美惡

繭以堅實爲佳絲有粗細之分堅實而瑩白者絲細輕鬆而晦闇者絲粗須儲兩處以別之若美惡同繅

則美者亦變而爲惡矣

劣繭

曰綿繭蠶薪受傷吐絲遲緩繭輭而鬆也曰陰繭內潰而漬溼也曰映頭繭成繭而不化蛹斃爛繭中亦云烏頭繭也曰草凹繭緊靠草把做繭繭有紫色印痕也曰尿緒繭蠶尿沾染漬成黃瘢也曰蛆鑽繭蠅集蠶身蛆生腹上成繭後穿穴出也曰穿頭繭用火太旺匆遽吐絲不及環繞穿破一頭也曰凹赤繭薄緒纏身赤蛹外露也曰同功繭兩三蠶共作一繭大頭繭也凡此皆繭之劣者只可做綿不可繅絲

稱輕重

摘繭之後先須過稱知繭之斤兩卽知絲之多寡杭州養蟻一兩約得繭百斤得絲一百五六十兩湖絲比杭絲更細養蟻一兩約得繭百斤得絲一百兩零直絲約得繭百斤得絲八九十兩知絲之斤兩則繅絲須若干日可以屈指而計

攤涼

蛾穿繭而出不可繅絲蛹變爲蛾雖未出殼絲亦難繅自摘繭至蛾出不過十餘日變蛾約在十日以內所摘之繭須剝去外衣不可卽日便繅故繅絲以七

八日爲限過限則變蛹爲蛾摘繭後須薄攤箔上置
涼室中並貯井水於箔下使受涼氣則蛹之變蛾尚
遲一二日繰絲略可從容

剝外衣

摘繭後須將外衣剝去即繭繞乃繭外浮絲須迅速
勿遲恐發熱剝後仍攤涼處以待繰外衣可作抽線
用非棄物也

蠶桑萃編 卷之四

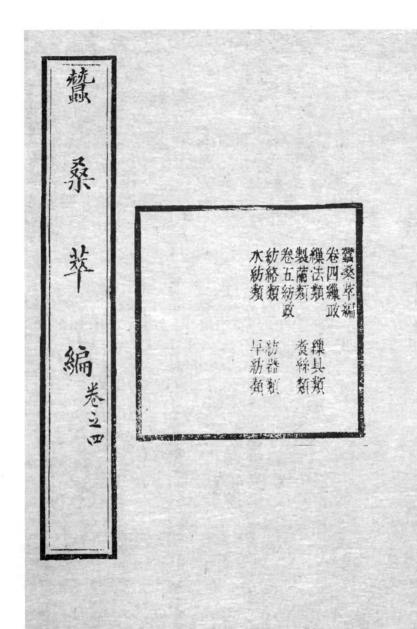

繅政

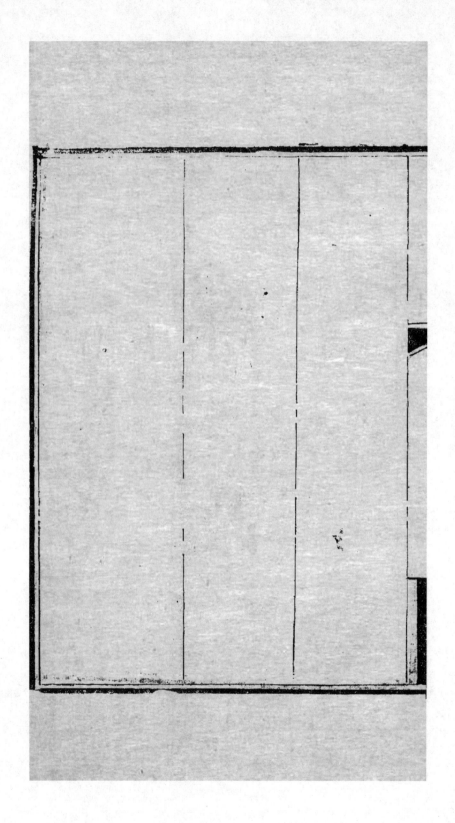

蝝蝝然微物耳而其極乃至於
天地宗廟祭祀朝會燕饗冠裳幣帛之屬皆於是取
資焉發之則藏於密放之則盈六合可不謂道之費
而隱者乎前聖人精意以圖之曲折詳盡而悉申以
法度以善以育民用不匱而惰者忽之狂者悖焉反
欲取戕人害物之賊計以爲圭臬至欲舉海內聖賢
道德之邦一淪於魑魅罔兩之惡俗以弋利而示暴
而曾不知義理之歸至使愚頑無識之徒爲其所誘
惑甚欲以之淩厲長吏挾侮
朝廷何其忍也夫不忍於微利之割乃欲忍以大害

之轟或以爲有假之羽翼以遂其狂悖之行者竊以爲必不然而竊不解爲所誘惑者之始卒不悔也世道寄於人心教富庶爲籌國之本可不思所以務本而神其用也乎

經筵講官　國史館副總裁管理戶部三庫事務工部尚書臣徐樹銘謹敘

蠶桑萃編卷四

繅政目錄

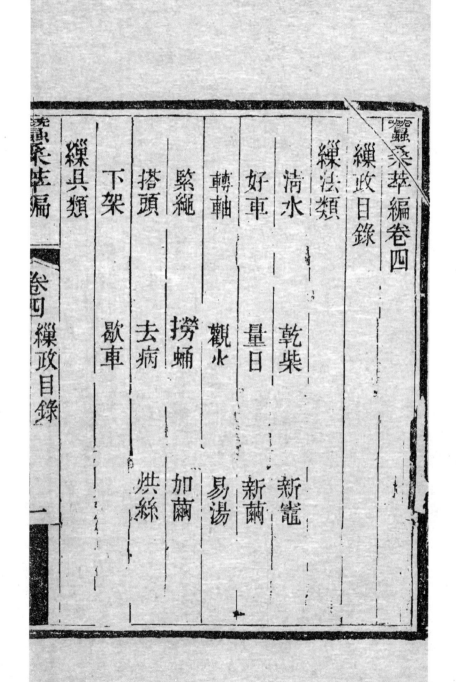

撈絲帚　火盆　絲竈煙洞

雙絲眼牌坊　三絲眼牌坊　鍋上牌坊

絲秤　牡孃墩繩　車軸

貫腳　踏腳板　車牀

無聲車　簡便絲軒

製繭類

烘繭　醃繭　蒸繭

製繭

煑絲類

繅水絲　又法　繅火絲

蠶桑萃編繅政卷四

繅繭類

清水

繅繭以清水爲主泉源清者最上河流清者次之井水清者亦可如山澗中水須擇溪中極清者或流自石罅間如江邊水黃宜早數日儲舊缸內澄清若先未儲存臨時缺用成都有沙缸濾水之法置上下二缸上缸盛沙缸底隔之以布穿小孔安竹管水由上缸流入下缸清潔無滓或投螺升許於缸內無用白礬使繭滯難繅若井水則擇味不鹹苦色不晦黯者

備用水不清絲即不亮此儲水法也

乾柴

煮繭以無煙爲佳桑條火極旺如無桑條柴芝蔴桿極好如芝蔴桿板炭木炭亦好如少炭則栗柴柏柴柿柴皆可須曬得極乾自然無煙若煙多不可用因絲被煙薰色不明亮

新竈

竈置車牀之前鍋之後半上對牌坊用鍋一口銅鍋爲上鐵鍋次之鍋宜小下繭宜少旋下旋繅絲條澤亮若鍋大下繭必多繅之不及煮過繭性絲粗漫無

力矣

好車

繅絲車牀安竈基後江浙蜀中用脚踏車手理絲一人兼二人事極爲靈便人工亦省此坐繅式較諸以手轉車倚竈立繅諸法更覺逸而不甚勞車前置牌坊中置絲秤置車軸以牡娘繩繫於其旁

量日

繭摘後不待蒸烷而計日以繅者其色鮮豔爲絲之上品然爲時甚迫促不過七八日即須繅完如擱絲每繭一斤約繅得絲一兩烷絲每繭一斤約繅得絲

一兩四五錢湖細而杭肥成都武昌兩法兼用細則
貨高價昂肥則斤多價減第以細絲計之繭百斤得
上細絲百兩善繅者以三絲眼繅之一日八兩計煮
繭八斤十二三日乃畢次繅者以雙絲眼繅之一日
六兩計煮繭六斤十六七日乃畢又次者以單絲眼
繅之一日只繅三四兩計煮繭三斤須二十五六日
內外乃畢故繅多使須添車若繅中細絲每日可多
繅半倍是繭過若干斤應添若干車以此類推否則
必用蒸繭烷繭窖繭諸法免致蛹變成蛾可以緩繅
不必尅期

新繭

繭分生熟二起摘下新繭即刻繅絲爲生繅若繭已蒸烘始取絲爲熟繅蒸炕者爲日過久絲頭乾燥繅之欠利水內須入油鹽少許以箸攪匀下繭至換水酌添油鹽如未蒸未烘或蒸炕未久不必添用鍋內先盛極清水俟水滾下繭約二十箇上下不可太多久煮則損法以右手執撈絲帚輕挑繭便滾轉再攪幾下隨手一撩將絲頭帶出水面無撈絲帚則用筷子三四隻以左手捻住絲頭於水面輕提數次右手隨即放下撈絲帚捻住絲頭下之清絲左手摘出粗

絲頭另放鍋前再以清絲穿入牌坊絲眼繭五六箇或七八箇合成清絲一縷爲七繭絲其絲細品高十一二箇合成一縷爲中勻絲其絲肥而品略次若以十八九箇合成一縷則粗而下矣

轉軸

摘粗絲頭後先以清絲穿入牌坊板上絲眼又由絲眼引上牌坊響緒交互一轉再由響緒送入絲秤上之絲鈎復由絲鈎搭上車軸繫於貫脚橫梁用手搖車或用脚踏板軸自旋轉絲便環繞於軸之上

觀火

煮繭火候最爲緊要不可過大過小過大則水太熱絲多疵纇過小則水未溫繭必颺開可將颺開之繭撩聚一處挑起絲頭以淨絲搭入絲眼便接聯而上大約看火之法斟酌合宜湯如蟹眼所謂爐火純青正是十分火候

易湯

絲鍋換水必須一人專理其事繅絲者力不暇及換水以勤爲佳然不勤換不可過勤換亦不宜絲要亮又要白換水太勤則白而不亮換水不勤則亮而不白務留心斟酌以清而半溫者妥如湯色渾即傾三

分之一以微温清水攪入温熱得當即換湯要法

緊繩

車軸上之牡娘繩宜緊不宜鬆鬆則絲秤移動諺曰走板且絲縷不能錯綜如式繅者須常澆水於繩上繩溼則繫自緊

撈蛹

絲竈左宜設木盆高與竈齊絲已盡則蛹沈將蛹撈置盆內若有水繭繅不上頭亦撈盆內留以做棉

加繭

計繭一箇抽絲一縷細絲合六七繭為一縷絲眼下

應有繭六七箇肥絲合十一二繭爲一縷絲眼下應有繭十一二箇絲盡蛹沈去一蛹便少一繭鍋內均勻添煮絲縷接續如式若時多時少粗細不勻添繭未上絲眼則須另挑以清絲搭入是添繭工夫更要恰當

搭頭

絲眼絲縷歸總處也眼下衆縷爲絲窠或繭絲已盡或忽然中斷或所添繭未上絲眼則絲窠減少須另挑絲頭以清絲搭入謂爲搭頭法先以右手大二中指執清絲以左手二中指分開絲窠再以清絲頭搭

入窠內自然絲頭夾帶上去天然無跡若從窠外纏繞帶上便有接頭跡痕是在繅絲者之熟與不熟耳

治病

治病繭有二要義若煮時繭牽連而上至絲眼阻塞去路爲一種病由結繭時火力過大所致法以繭攤曬盤上熱水勻噴置甕內封蓋片時取出繅絲自然順利更有繅時已過眼上軸忽然細斷又一種病由結繭時火力過小所致法以燒酒勻噴繭上不必封蓋甕內再繅便不中斷此去病繭要也

烘絲

車後用炭火一盆隨繰隨烘因絲從水中抽出任其自乾多致膠黏烘乾則絲澤而白火盆離軸勿過遠亦勿過近遠則火力不到近則火氣受傷以不煙不爆爲佳

下架

絲繞軸約四五兩重即宜卸下曰脫車法以送杌木緊抵杌木之小頭用槌頻擊杌木鬆而貫腳脫將絲與車衣布一併揭下不可使架上之絲過多

歇車

日晚則歇車待明日再繰鍋中餘繭曰湯頭急撈出

次日入鍋雜生繭煑之以湯會下油鹽未經湯曰生繭

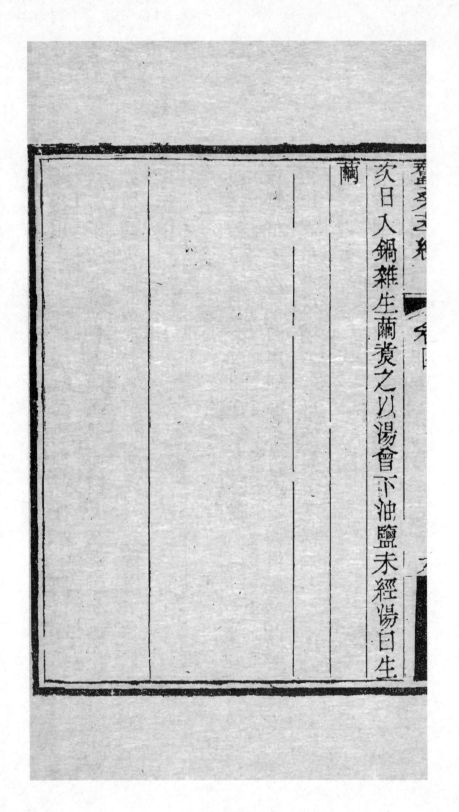

繅具類

撈絲帚

撈絲帚以帶竹節爲之寬二寸長八寸便撈繭提緒

火盆

火盆有大小兩種結繭時簇架之下熏灼蠶身用大火盆則盛炭多而耐久繅絲時車軸之後烘炙溼絲令色光亮則用小火盆便於移動

絲竈煙洞

竈宜上寬下窄或用缸竈或以磚砌竈之內外以石灰和泥厚塗之鍋口四圍亦以泥護之不可漏煙煙

洞或磚瓦合成或洋鐵筒或竹片編成厚塗灰泥高
丈餘下口大六七寸竈門兩旁用磚砌煙洞高則煙
衝冒直上無損絲色

雙絲眼牌坊

牌坊上下橫梁各一下橫梁左右兩頭均裁成方榫
下橫梁長一尺三寸八分榫頭在外右邊榫頭嵌入
右邊長柱之下截橫孔內左邊榫頭嵌入車牀前左
柱之前面橫梁短柱榫口內下橫梁中間直開一孔
上橫梁中間及左右兩頭亦各直開一孔長一尺五
寸五分右邊長柱一上下兩頭均各裁成方榫柱長

一尺五寸八分榫頭在外上截榫頭嵌入上橫梁右邊直孔內下截榫頭嵌入車牀前右柱之前面橫梁直孔內下截榫頭之上橫開一孔以承下橫梁右邊榫頭

中間長柱一上下兩頭均裁成方榫柱長一尺三寸五分榫頭在外嵌入上下橫梁中間直孔內響緒在中柱之兩旁

左邊短柱一上截裁成方榫嵌入上橫梁左邊孔內短柱倒懸於上橫梁之下長二寸五分粗細與長柱同

短柱長柱均平穿一孔以細篾一條或鐵絲橫貫孔
內以綴響緒
下横梁之前面開二孔此孔與彼孔相去四寸五分
另用小方木二段長二寸四分寬六七分一頭平鑲
下横梁孔內一頭破一小口以安做絲眼
做絲眼一名絲窩以銅條爲之長三寸一頭槌匾插
於下横梁短木之横口內一頭槌匾鑽眼以鍋內之
絲從此眼內度出搭上響緒眼須光滑庶免劃斷絲
縷如屈銅爲鈎絲縷一挽即入勿庸穿度較用絲眼
更爲簡便

籰緒以小竹爲之長四寸圍圓約四寸兩頭留節中刻條縷節上穿孔貫以篾條將鍋內撈起之絲先度入做絲眼內再由絲眼搭上籰緒或小竹管爲之亦便利但嫌聲大嘈雜

三絲眼牌坊

雙絲眼牌坊長柱二短柱一籰緒絲眼各二三絲眼牌坊長柱二短柱二籰緒絲眼各三初學繅絲者用單眼善繅者用雙眼最善繅者用三眼至絲之粗細視絲眼下繭之多少用繭多則絲粗用繭少則絲細不在絲眼多少也

鍋上牌坊

上下橫梁各一上長一尺三寸五分下長一尺四寸五分

中間直柱二根每根長一尺五分榫頭在外二直柱之下截距下橫梁一寸五分各平鑲短木一截各長一寸六七分短木頭上各安送絲鉤一枝

上橫梁中左右各平鑲短木一截各長三寸短木中間各安響緒一箇是爲牌坊頂

下橫梁之後平鑲短木二截各長二寸再於短木盡頭平鑲橫梁一根此下橫梁短二三寸是爲牌坊底

此亦雙絲眼牌坊式也三絲眼用直柱三根送絲鈎三枝上横梁平鑲短木四截安響緒三箇餘俱同前式牌坊絲眼均嵌在車牀之上此式牌坊絲眼均擱在絲鈎之上二法各分而用之不能一處並用

絲秤

用雙絲眼牌坊者絲秤上送絲鈎二枝用三絲眼牌坊者絲秤上送絲鈎三枝

絲秤俗名抽鎗所以制絲使之横斜上軸不致混成一片令交淸而易尋以木條爲之長二尺頭寬一寸尾寬四分自頭至尾由寬而窄秤頭開一圓孔套於

牡孃墩小直柱上孔此牡孃墩直柱畧大稃尾貫於車牀前右柱孔中

送絲鈎以銅爲之鐵亦可一頭釘絲稃之上一頭屈而爲鈎鍋内之絲由絲眼引上響緒挽入此鈎搭上車軸

牡孃墩緪

牡孃墩以桑木爲之面平底平腰細身高二寸底面各圍圓八寸六分腰圍圓七寸正中開一直孔貫於車牀前左柱圓榫上中腰周圍削凹如蜂腰形或八稜或十稜以環牡孃墩墩上兩耳各横穿一孔耳高

八分以小木作門一頭橫貫兩耳孔內一頭留孔外作橫梁門長五六寸一頭寬四分長三寸餘貫兩耳孔內一頭寬八分長二寸餘留孔外橫梁上安直柱一根上半截削圓以承絲秤直柱長四寸下半截方而匾寬八分長一寸五分上半截圓如筆管長二寸五分

牡孃繩以蔴絞者爲上㯶絞者次之長約四尺兩頭交結使緊前套牡孃墩蜂腰上後套軸柄上中間須交互一轉方能使墩隨軸而運絲之成片必由於墩墩之靈否半由於繩繅絲時須如法用之

車軸

車軸以堅木爲之軸右邊盡頭處裁爲圓榫嵌入車牀後右柱榫口內左邊盡頭處留一短筒軸身之左短筒之右裁成圓榫嵌入車牀後左柱榫口內軸身長一尺三寸榫頭與短筒均在一尺三寸之外軸中間圍圓九寸兩頭近榫處圍圓八寸短筒長三寸六分圍圓七寸榫頭長一寸五分圍圓三寸榫頭嵌入榫口不可太鬆太緊則運不動取不出短筒靠圓榫處削成蜂腰形並起八稜以環繞牡纕繩蜂腰口寬一寸三分深五分圍圓五寸五分蜂腰之左鑲直木

一條短筒長三寸六分除去蜂腰一寸三分尚餘二寸三分即在此二寸三分之中開一方孔安直木一條長五寸寬一寸厚一寸直木將盡頭處鑲橫木一條以作軸柄直木下截將盡頭處留五六分即在此五六分之上開一橫槽以鑲橫木橫木長四寸六分一頭長二寸一分粗細與直木同其形方即在此二寸一分之中開一橫槽鑲入直木橫槽之內一頭長二寸五分削圓爲柄不善繅絲者用手轉車即執此柄摇轉善繅絲者用脚踏車即將脚踏板上橫木條圓孔套於此柄之上

貫脚

貫脚四具安於軸身四面以襯絲縷每貫脚用横梁一根直柱二根横梁之上開鑿二孔以二直柱之榫頭嵌入横梁孔內柱長六寸五分榫頭在外寛一寸二分厚八分横梁長一尺二寸六分寛一寸二分厚一寸二分四面貫脚三面嵌緊一面用活者可裝入亦可取出軸上鑿一横槽活貫脚正面槽長四寸二分寛八分反面長三寸八分寛七分深以兩面開通為度以活貫脚之兩柱嵌入槽內盡頭處兩柱中間尚有空槽以村木嵌入空槽用槌重擊貫脚自緊

杙木一頭大一頭小長五寸自大頭至小頭由寬而窄大頭寬二寸二分厚八分小頭寬一寸二分厚七分嵌入活貫腳兩柱之間重擊大頭則貫腳緊重擊小頭則貫腳脫

車衣以布爲之貫腳橫梁之上用布蒙其四圍謂之車衣所繅絲縷由送絲鈎搭上車衣軸旣旋轉絲自環繞車衣上卸架時連衣揭下

踏腳板

踏腳板以堅木一片爲之長九寸寬三寸厚七八分上一頭裁榫如工字形套入車床前左柱腳下榫口內底

板榫頭寬七分長一寸五分車柱榫口靠地以底板榫頭套入車柱榫口則底板被車柱壓緊脚踏之時不致移動一頭安兩耳耳上各橫穿一孔耳高二寸五分安於底板而上孔寬四分離底板一寸三分再以木板一片削鞋底樣長八寸面平底不平底下前六寸由薄而厚薄處三分厚處一寸四分後二寸由厚而薄厚處一寸四分薄處六分便不失之平底下平則脚踏鞋板時鞋尖雖落地而鞋板不斜不過微起微落而已直條橫條卽不能大起大落車柄車軸亦不能旋轉如意前宜寬後宜窄自前至後由寬而

窄寬處二寸六分窄處二寸寬處可以踏脚窄而厚之處旁綴二榫穿入底板兩耳孔內榫頭宜圓不宜方方則運不動鞋板宜畧小於孔不可嵌太緊緊則鞋板踏不動矣又鞋板下底板上須空寸許不可緊貼緊亦踏不動另用直木一條長一尺七寸寬一寸二分厚五分以一頭嵌入鞋板木嵌在鞋板至厚之處底板兩耳之內以一頭開一小孔又用小木一條長一尺七寸寬一寸二分厚三分一頭開小孔與直木小孔相對用竹釘管之不可太緊緊則橫木轉不動一頭開圓孔橫貫於車軸之柄孔比軸柄各大兩

木條一直一橫形如曲尺踏動鞋板則鞋板帶動直條直條帶動橫條橫條帶動軸柄軸即隨之動轉矣如不用小橫條貫軸柄以麻繩縛直木之頭另用老筍殼浸溼作紐套上軸柄下接麻繩以運動車軸更覺輕靈

車牀

車牀形方牀之四角各安一柱四面各安橫檔二層檔之兩頭各有方榫嵌入柱內前檔後檔均橫長一尺三寸六分左檔右檔均橫長一尺零六分嵌入柱內之榫頭均在一尺三寸六分一尺零六分之外

左右上下檔與前後上下檔高低不一左右下檔各去地一寸八分左右上檔各去地一尺四寸二分前後下檔各去地三寸前上檔去地一尺五寸後上檔去地九寸後上檔去地尺寸較前左右上檔獨低者因車軸架在後二柱之頂此處上檔低則上檔之上地步空闊可容貫腳轉旋也

後左角後右角各一柱柱頂各開榫口以承車軸柱高二尺零五分寬三寸厚一寸四分榫口寬一寸深一寸五分

前左角一柱柱頂裁成直榫以貫牡孃墩柱高二尺

零八分寬二寸八分厚一寸四分榫頭徑九分圓圍
二寸七分高一寸七分此一寸七分即在二尺零八
分之內
柱脚裁成榫口以套踏脚底板之工字榫頭榫口靠
地寬八分長一寸四分
前右角一柱柱頂橫鑿一孔以套絲秤柱高二尺一
寸五分寬二寸八分厚一寸四分孔寬一寸高五分
前左前右二柱之前面各安一小橫梁前左柱橫梁
之上安一短柱短柱之頂裁成榫口以嵌牌坊下橫
梁之左邊榫頭前右柱橫梁不安短柱只於橫梁盡

頭處鑿一方孔以承牌坊右邊長柱之下截榫頭橫梁長五寸寬一寸厚一寸去地一尺六寸短柱高二寸五分寬窄與橫梁同榫口長一寸寬六分深八分二柱之前面下截靠地處各安一小橫梁以木板擱橫梁之上以磚石壓木板之上庶免車牀移動

無聲車

舊法以竹筒貫一鐵條或用木輥軸貫鐵環內轉動沉滯響甚聒耳猶未爲善今製一不響之車其法用一木椿削方徑寸半高過繅盆五六寸插在盆邊地上近頭處安一橫梲亦削方徑一寸三分長與盆齊

其横桄當盆之中豎安兩小柱高四寸兩柱相去三寸餘在近上横安一細竹條如臂幹狀貫一輕匏輥軸匏即葫蘆皮其制用匏二圓片徑寸餘兩片相去三寸近邊一周俱插細掃竹幹亦好臂幹狀成一圓籠樣兩匏片當中鑽一孔棲一竹筒貫於細竹條上令其滾轉活動無滯軸下木桄當中鑽一孔內棲一小竹筒孔如豆大桄下露出三四分此車不用錢眼繅時將絲頭用掃竹茬子從孔中引過上輞掬交此絲車概無銅鐵滾轉最輕快利無比亦無響聲

簡便絲軠

軖式最多有重大繁難者布交不淸解絲不便今製一簡便絲軖一周八交易於尋頭一手攪軖一手添絲頭遲速由人較之脚踏大軖甚便其制用立木樁一根徑三寸高五尺下作木架立安其中頂頭安一橫桄長三尺五寸以懸搖絲竿樁中間安一木軸徑寸半軸上貫安絲軖軖如車輪有頭有輻頭徑五寸周圍栽輻八行每行二輻上安平桄輻高一尺五寸桄長八寸安雙輻着七桄惟一桄只用單輻將單輻中間斜鋸成兩截如馬耳形用時相合以蔴繩紮緊待絲滿軖解去紮繩其桄自脫絲遂可卸頭後邊豎

立一圓木檄高五寸徑三寸底微尖如鍋底形中間
豎安一細柄高二尺柄頭安三寸長拐拐頭平串連
擺絲竿竿以竹片爲之長三尺五寸中間釘一銅鉤
子以提絲擺交其橫桄近梢處縛一竹圈貫搖絲竿
於內令其擺搖活動無滯又於輻條中間安一木橛
長四寸手握攬之則木檄自轉搖絲竿自能擺動其
絲根根相爲斜壓畧無分毫紊亂日後絡車解絲時
則頭自在交中不難尋覓雖夜間亦可解之

製繭類

烘繭

凡繭多不及繅者恐蛾穿繭而出以火炕烘之則蛾不出矣如炕面寬大一日可烘繭數百斤北方多燰炕須熱氣均勻隨時翻動以乾透爲度勿過焦勿用有煙之柴蜀東烘繭火氣自炕外達炕內旣無溼熱之患又無枯焦之虞此善法也但絲經火烘不免損傷色澤

醃繭

以繭十斤置甕內用荷葉或箬葉包鹽一二兩置繭

上爲一層逐層平鋪甕滿則用鹽泥密封甕口勿令走氣亦可緩蛾之變

蒸繭

先用鹽一兩油五錢入釜湯內次以蒸籠坐釜上將輭草作圈圍釜口籠內鋪繭三四指厚俟熱氣蓬勃時以手探繭覺熱即取去下層蒸籠以上層蒸籠坐釜上再添一層爲上層輪流替換總以手不禁熱爲恰好如蒸太過則輭絲頭不及則蛾必鑽出設蒸籠過多即於添水時酌添油鹽免至蒸乾絲頭蒸好攤於箔上俟冷定後用細柳梢微覆之

製繭高下

烘醃蒸三法以蒸爲最佳其色不損光亮然天晴時自可隨蒸隨晒即或不晒亦可陰乾若遇久雨蒸過之繭厚攤箔上固有發熱之虞即薄攤之而蛹在繭中不免溼氣蒸鬱又不能不用火烘是晴則宜蒸雨則宜烘在善用其法耳

卷四

十九

煮絲類

繅水絲

絲則有水繅火繅之法工有粗細高低之分但用冷盆爲水絲不用冷盆爲火絲各省繅火絲者多繅水絲者少水絲值昂火絲價減非人力不欲繅好聞見有未及也水絲繅法與火絲同其不同者惟多用一水盆牌坊安在水盆上耳火絲所用牌坊安在繭鍋上水絲則繭鍋左邊另安一大水盆磁盆瓦盆均可內注温水約八九分滿盆上安牌坊俟繭鍋內提出絲頭一手執情絲一手用漏瓢舀繭送入水盆以清

絲穿入牌坊上之絲眼仍將鍋內已煮之繭時時舀送盆內以便陸續搭入絲窠此水絲法也

又法

水絲者冷盆所繰絲也精明光彩堅韌有色絲中上品錦繡緞羅所由出蓋道光年間四川雲陽製法也雖曰冷盆亦是熱釜提頭摘去黄絲雜葺單留清忽送入温水盆中以數忽相合成絲光淨勻細勝於熱釜用小鍋一口徑一尺餘周圍用土墼泥成風竈火門向上如湯碗口大柴往下燒火焰遶鍋底而出鍋後相去六七寸再安一小鍋後作高煙筒使煙遠出

免致熏偏其鍋高三尺左邊安水盆比鍋高二三寸盆口大二尺餘盆上橫安絲車靠盆邊立一木棍名爲絲老翁以挂清絲頭繅盆右邊安置絲軒離盆三四寸俟燒水大熱方下繭子二十餘箇用箸輕挑令繭勻轉又以箸左右亂攪數次挑起自帶出絲頭以手捻住於湯面提掇數度破頭壞繭盡行摘去提出清絲將粗頭摘斷用漏瓢舀繭送入溫水盆內以清絲挂在絲老翁上絲之粗細斟酌上頭總爲一處穿過絲車下竹筒中扯起從前面搭過輥軸從軸下掏來於輥軸上拴一廻再從拴廻中掏繳一廻不可拴

成死廻扭之滑利活動易尋交頭乃成絲要處以絲挂在搖絲竿銅鈎中又以絲頭拴在絲軖平桄上時攪動軖輪車隨輥轉搖絲竿自然擺動其絲勻繃軖上一手攪軖一手添絲頭絲在軖上層層横斜相壓打成絲片不致散淆餘令皆相同此水絲又一法也

繅火絲

安鍋作高煙筒如上法只不用冷盆於鍋上横安絲車右邊安絲軖繅時燒水大熱下繭諸法均如水絲以箸撥攪提起絲頭用手捻住水絲由竹筒中穿過火絲不穿竹筒只是穿過錢眼扯起搭在輥軸上又

從下面掏過拴在輥軸上一廻又於拴處再掏攪一廻不可拴死交法與水絲無異將絲挂在搖絲銅鈎上在將絲頭拴在桄上一手攪動絲車隨軠而轉其絲自然上軠搭頭時以箸攪撥將絲窠分開用箸夾亂絲從中向錢眼猛提則絲頭爲衆絲帶上自無疙瘩若從絲窠外邊纏遶帶上其絲便粗惡不勻此火絲法遜於水絲余數年以來細尋其中要義大抵上繭利繅水絲次繭利繅火絲故繅火絲與繅水絲並行

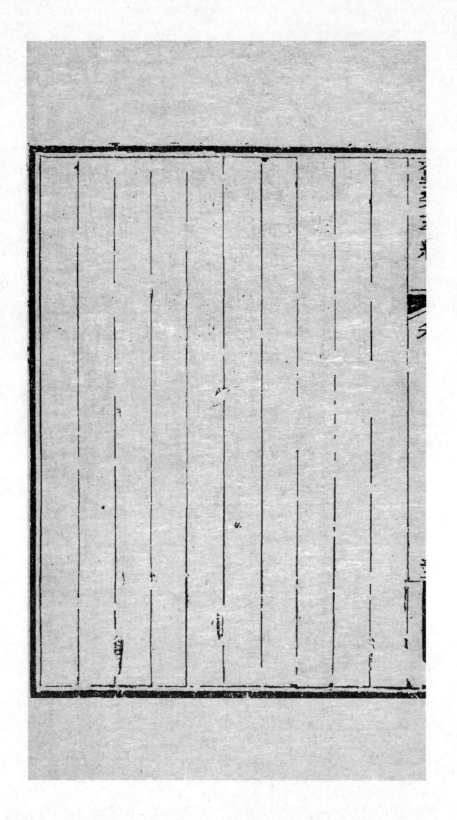

紡政

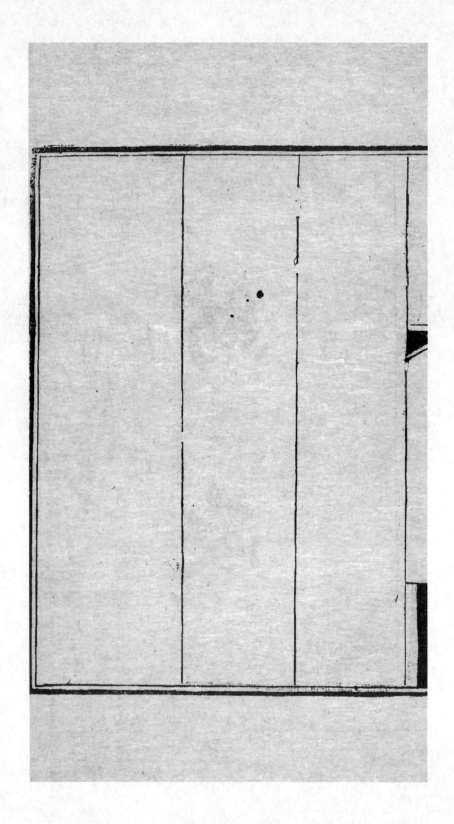

蠶桑萃編卷五

紡政目錄

緯車　腳踏紡車

水紡類

水紡搖經車江浙式

旱紡類

旱紡搖經車四川式　挂交繩　挂麻辮

蠶桑萃編紡政卷五

紡絡類

木料

工欲善其事必先利其器器不利事何善也制車必擇木料乃能適用杜木栗木桃木香木其紋細其質堅惟價值較重購之不易若棗木榆木檀木槐木栢木青岡木油柞木凡一切堅實木料擇其不走性者方中良材之選如久晴風燥不致乾裂久雨潮濕不致漲澀以質之細潤光滑作車靡不良焉若木質不堅性氣不純價雖賤則紡絡不利出貨不多是虛耗

功力也何濟於事耶

竹料

天之生材何地蔑有是木料尚易購也若竹則有産不産之分又有美不美之別箭竹箘竹斑竹煙幹竹小如指勁直有力作絡狀甚佳又筒竹斑竹格竹大一二寸或三四寸不等性綿而堅勁爲車上零器必需之物因紡經皆用水木遇水則漲而澀竹遇水則滑而勁惟大小竹皆自南來北方未有也器用非南不可勿惜購費重焉

水池

池以磚灰或石板築之底作出水孔以便换水宜用井水取陰寒以凍絲性不可用含泥河水頭二三紡經絲皆宜泡透因愈濕愈好紡更潔淨緊練色自發光

絡絲

絡絲有二法一用繩扯一用手拋解絲時各有所長相差不遠惟倒絲時則扯不如拋之便如織羅絹家以女工絡絲者宜用扯法如織緞綢家以男工絡絲者宜用拋法

啃剹

絡絲宜講求背剔所以分別粗細挑選精勻也心靈手敏眼快方臻巧妙以後上機梭織乃無毛病若背剔不勻不可以織即或免强織之雖有良工亦難免無毛病也

拋絲

直隸江浙四川拋法皆同但絡子有二式一用四角木絡子以拋緯絲其制方徑二寸五分長五寸五分一用六角竹絡子以拋經絲其制圓徑四寸二分長五寸五分於絡子中穿木拋竿一根壯如大指頭粗細長二尺二寸均用左手拋絡右手攎絲用絡子

三箇分拋極細次細粗條別出三等之絲各成一律

此拋法最要緊也

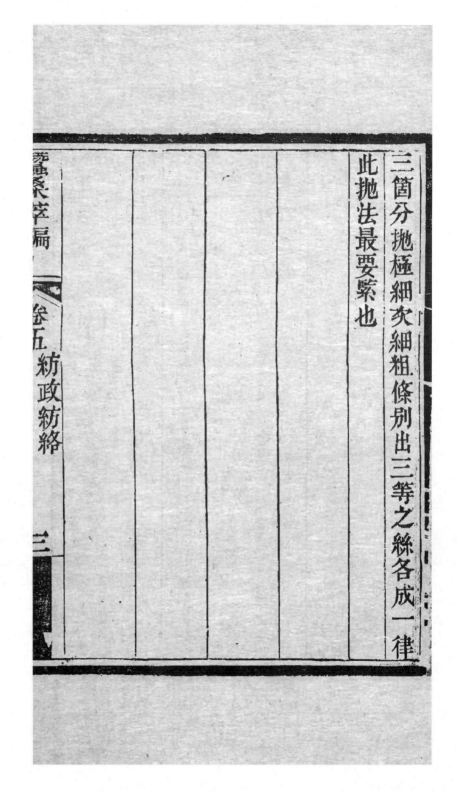

紡器類

絡絲架江浙式

絡絲架制以絲束之大小爲度極爲省便先置頂架座用五六寸見方之磚石中鑽方孔置二寸大之竹筒高一尺八寸另用方木二條均長五尺六寸寬厚均一寸五分作成十字架逗立管木四條長九寸寬厚均一寸五分架中置天鍼木一條下插座筒內立管木作活筍一條架頭作穿眼三箇上一小門以便繫絲卸絲之用

絡絲牀

倣四川制式如千字形用木三條以平底木二條均長五尺三寸寬二寸厚一寸五分每條上置絡牀竹五根長四尺壯如小筆管橫樽木一條逗於二木之中外手用緊筍裏手用活筍以便尖楔其長短視絲束之大小爲度以裏手之中間開交易於尋頭此法不占地方搬移甚便

絡絲車

其制用二木樁徑一寸一長一尺五寸近頂鑿一通槽長三寸以容絡軸之大頭一長一尺一寸近頂向裏鑿一孔勿透以容絡軸之末一頭以樑子偪緊將

絡軸穿籰令緊貫於兩柱之間大頭畧高於小頭大頭椿頂錠一鐵釘繫一繩長二尺餘纏於絡軸從裏面自下絞上以右手牽扯一縱一扯則軸籰忽上忽下隨手旋轉如風絲自上籰解時先將軖絲張於四柱其柱用水竹長三尺餘各安大磚石上分立四方以繃緊軖絲又另置二柱以分交最易尋頭二柱用竹棍同安一磚相去五寸分交法二人將絲兩邊信手中分自有交出安於二柱之中倘頭緒斷時只從交中一提自得上作懸鈎以竹竿爲之如過竿樣下縋以磚石欲挂絲時將竿繩一扯頭自下垂挂畢丟

脫竿自豎立竿梢錠一鐵絲鈎以引絲上下纏於篗上然後可排篗經縷矣圖附於後

檬車 江浙式

檬車擺簆子一箇因簆子上所賸零絲叉倒紡一處其制車座如長方四角四櫈長三尺六寸檔寬八寸高一尺一寸座前置將軍柱一塊高一尺七寸寬四寸厚一寸柱上開二口上口深四寸四分寬一寸去座四寸開一口長四寸四分寬一寸上口兩邊安橫楇子二箇小鐵管釘一根以簆筒擱楇上車架耳二根高一尺寬厚寸五分見方兩耳上各開槍口寬深

均一寸車軸木長五寸五分徑二寸三分外軸頭置小鐵條作軸心擱椊口上裏軸頭置鐵拐把長一尺八寸車輪徑二尺七寸車標十根長一尺二寸車盤以竹片二塊圈上鴉雀口二十箇長四寸用皮紘一條套籞筒以圍繞車輪用右手搖車左手牽絲

搖籞車　江浙式水紡

搖籞車倒紡車也搖籞子五箇將絲壓入水盆分爲三次一次倒絡子絲二三次倒幔架絲車座長方形四脚四檔座長四尺一寸檔寬九寸高八寸座前置將軍柱一塊高二尺五寸寬一尺厚一寸柱中開長

梒口深二尺寬一寸四分柱外置月牙梭梭二塊長一尺二寸中寬四寸五分穿釘眼五箇以安籆筒內置皮絃欅木三小條車架耳二根均高一尺三寸寬厚均一寸五分耳上各開梒口深一寸車軸長八寸圍大七寸一頭置小鐵條擱梒口上一頭置鐵拐把長一尺車圓徑三尺五寸車標十根長一尺七寸車盤圈竹片二塊鴉雀口二十箇長六寸大均一寸用皮絃一條套籆子五箇圍繞車輪以右手搖車左手牽絲

挂絲架

法作四條木架一箇長寬均三尺三寸置鐵絲圈五箇繫於車前高五尺籰筒前置水盆一箇先以水泡泡透饅架將經絲挂入鐵圈再壓入水盆搭上籰筒紡之

摇籰車 四川式旱紡

摇籰車倒紡車也分爲三次一次倒絡子絲二三次倒饅架經絲車座長方形四脚四橕座長五尺檔寬一尺三寸高六寸座前置堵水板一塊高一尺五寸寬一尺二寸厚六分板上開槍口長一尺八寸五分寬九分每邊置竹橛子五塊共十塊下置斜水桶一

箇長一尺四寸寬一寸五分栓口前置小竹棍名將軍柱長二尺六寸以管線絃座中間置車架耳二箇高一尺五寸寬厚均七分耳上開栓口深一寸車軸長九寸二分圍大七寸一頭置小鐵條擱栓口上一頭置鐵拐把長一尺車圓徑四尺二寸車標十根長二尺寬厚均一寸七分車盤圍竹片二塊鴉雀口二十箇長六寸大均一寸用黃蠟線絃五條套衘子五箇圍繞車輪以右手搖車左手牽絲

掛絲竿

法用竹竿一根如酒杯大長一丈穿鐵絲圈五箇繫

於車前高五尺先以池水泡幔架不用水盆將經絲挂入鐵圈搭上篽筒紡之

挂油繩

油繩牽轉幔繩也挂於車之外手撥頭上一邊穿馬耳朶搭油轆轤上拾轆轤挂於幔架同繞連絡一周但能轉幔不能成交必須另置交繩故多一法也

挂交繩

以交繩挂於裏手車軸上直穿馬耳朶環挂交轆轤連絡一周使交繩動則交棍交板龍竿竹三處皆動搖一周使一推一回則經自擺動成交

挂車絆

以綫帶挂於車盤直壓入盪板前挂引頭絡一上一下夾帶籥筒使其往來牽轉可紡經五十筒亦善法也

扛車

攝經車既紡而後湅既湅而後染則經之費力也若扛車則不用紡只須扛以成交即便於染是扛專爲生緯而用車架四腿八樸長三尺後用車架耳二根高二尺三寸五分寬四寸厚一寸上開耳口深三寸寬二寸前左腿高二尺四寸倒寬二寸倒厚一寸二

分前右腿高一尺九寸八分寬二寸厚一寸上安交
轆轤一箇長二寸七分徑七分中穿立木死軸長三
寸下墊木元一箇又左腿右轤上置撩眼竹一塊一
頭釘緊一頭須活長三尺四寸寬一寸半穿眼十四
箇距二寸一箇車軸長三尺五寸徑二寸半軸頭置
雲頭一箇徑六寸厚一寸二分車軸五腿十樸腿長
二尺四寸五分寬厚均一寸輪徑一尺六寸木拐把
八寸外手架之中置立木一條安小滑車二箇用交
繩一圍一頭挂雲頭從二滑車之間穿過前挂轆轤
手搖拐把令撩眼來回擺動以扛緯成交可扛緯十

三束即倒絡子絲十三箇也

緯車

織必用緯其法用細竹筒狀如筯子長三寸貫在緯車鐵定之上用絲籆二箇以水潤溼將一頭提起穿過竿上鐵環以右手攪輪左手捻摇絲頭纏在緯筒上約如大指狀便可御緯車之制茲不詳註見圖自明但輪徑一尺二寸爲則緯筒已就然後貫在鐵梭內穿經往來自成錦繡

腳踏紡車

繅軖紡車乃織具之先資繅軖已備始可以言紡車

凡繭子破頭者繰絲不利者並出蛾之空繭均可製造上紡車成線然後可授機杼則繭綿力勁芒長扯之不利必須用脚踏轉車一手執繭一手扯絲方能成線其制用木造成地平方架長二尺五寸闊一尺五寸於二尺五寸中間安一方木樁高三尺徑二寸半於近上三寸處安一橫木長五寸徑一寸五分此是安定處若欲紡綿安二定者橫木宜闊三寸立樁亦宜闊三寸若欲安三定橫木當闊六寸樁亦闊六寸梢頭留寸許安一立木牌高二寸厚七分闊與橫木齊上刻一小口如豆大如欲安二定者刻二口以

容鐵定項對牌口後椿上鑽一孔內棲細鐵筒約深三分以容定尾定長一尺中間硬安一木轂轆子長二寸徑一寸周圍刻渠子二道以承轉紘椿下離地八寸安一鐵軸長九寸大如小指軸上貫一車輪其制用木版六箇均長一尺四寸厚七分闊一寸二分以三版正中斜鋸扣子硬安成輪子以二輪相去四寸中安木樺桄六箇便相合成一輪周圍用皮紘攀緊以承轉紘紘用線繩一條用蠟捭過狀如錢繩將輪與定攀住令其活轉又在前面地平木上復安一橫桄長與地平木等闊二寸半厚一寸半兩頭用立

柱高二寸桄中間安一鐵橛大如小指長六七分以承脚踏版形如鞋底厚一寸中間刻一小窠如指頂大深二分活安在鐵橛上令其活動板一頭中間安一鐵攬杖狀如細筆管長六寸攩於輪板近軸處孔內孔係輪上預先鑽下去軸寸半其制如此用脚踏紡之

水紡類

水紡搖經車 江浙式

紡以水名重淘洗也因潮重風燥水性帶泥濁塵易沾故倒經必過水盆搖經必過水鼓所以倒洗三次搖洗亦三次是紡中洗經則易淨經必涇紡則愈緊色自鮮亮前幔座如三角形可紡篽子五十筒有花幔筒幔之分花幔是五架筒幔是一架頭紡二紡用花幔三紡則用筒幔頭紡只紡一根絲二紡以兩根絲合紡三紡則再催緊練也所有大小紡具開列於後

馬腿木　四條高四尺寬厚均二寸檔寬二尺一寸

横欂木　底二條長二尺五寸寬厚均一寸六分上
四條下長一尺一寸上長六寸五分

大盤搖　木二條長六尺四寸上置管絲竹釘每邊
七十六箇兩邊共一百五十二箇

小盤搖　木二條長六尺四寸以過經絲

盪板　棗木二塊長六尺四寸寬二寸高三寸檔
寬一寸横欂四根長三寸板上一半鋸釘
棓口一半穿釘眼上各二十五孔下各二
十五孔兩塊共二百眼可以互翻使用

管絲釘　用竹狀如箸大長三寸每邊七十六箇共
一百五十二箇管壓經絲
水鼓轆　大竹二塊長七尺二寸徑四寸置馬腿下
兩旁內儲清水各用壓水柱一根長六尺
四寸以壓經入水紡過色亮
搖柱　竹二根如指大長六尺四寸去水柱一尺
三寸以托經絲
龍竿竹　一根置幔架中長六尺四寸管兩邊經絲
使勿攪亂
交棍竹　長六尺四寸令經擺動成交

交板竹　一根長三尺外釘竹板長一尺一寸穿眼
三十六箇釘在交轆上
木紗帽　二箇高八寸上寬二寸開榫口深一寸五
分寬七分下寬二寸九分開斜口卡馬腿
上長三寸以支幔架
花幔　五架每架長一尺五寸徑一尺六寸四腿
四樑作十字架中穿方孔頭紡二紡用之
紡成置水池泡透幔軸一根長六尺四寸
方一寸九分兩頭置鐵箍鐵棍一頭作十
字木長一尺五寸外安活牙在條管住穿

[illegible]幔擱紗帽上

[illegible] 一架六腿六樽共三十樽長六尺四寸徑
一尺六寸活腿一根四樽長一尺五寸以
便卸經三紡用之

車梐 底木二根長二尺九寸方四寸檔寬一尺
二寸要大兩頭小

車架耳 二根高三尺三寸寬四寸五分厚一寸八
分上開栓口寬四寸五分深五寸以架車
軸

頂橫樽 二根長三尺八寸檔長三尺二寸以連架

耳馬腿

頂樽椿　二根高二尺二寸寬四寸厚一寸五分

車軸　長三尺圍大一尺七寸

撥頭　二箇圓形徑三寸五分厚一寸五分穿在

外手車軸

木拐把　長一尺四寸以搖車輪

車標　十根長三尺二寸寬厚均八分

車輪　圓徑六尺

耳盤竹　二塊寬八分

鴉雀口　二十箇長六寸九分寬厚均一寸

交轆轤　一箇大二寸五分

油轆轤　四箇均大一寸五

馬耳朶　二箇長五寸寛三寸厚二寸內安活轆轤

繫樽椿上

交繩　一根長九丈大如小筆管套車軸交棍仝

經成交

油繩　一根長二丈八尺大如指套車軸幔架一

搖全動

引頭絡　一箇即絡子穿小竹繫於邊板前馬腿上

車絆　用線帶長三丈五尺套大車邊板引頭絡

環繞一周搖拐把則全車皆動

線筒子　線長七十丈搖經計數也

紡絲釘　平列盪板上兩邊每邊二十五根共五十根每根粗鐵絲長七寸一頭穿小竹管長一寸一頭穿銜筒長二寸五分

分交針　二枝細竹長六寸

旱紡類

旱紡摇經車 四川式

紡而曰旱用水少也因天氣温和水不夾泥塵不起塵以細毡片泡水搭於水淋竹上令經絲擦過所以去盡污濁而求純潔愈溼愈淨愈緊練也色自鮮亮前幔座如三角形可紡篰子五十六箇有花幔筒幔之分花幔是四架筒幔是一架頭紡二紡用花幔三紡則用筒幔頭紡只紡一根絲二紡以兩根絲合紡三紡則再催紡緊也所有大小紡具開列於後

象腿木、 前後共四根高四尺寬一寸七分厚一寸

四分檔寬二尺三寸

橫欅木 前後共四根底二根長二尺五寸寬一寸七分厚一寸三分上二根長四寸八分

水淋 二根長六尺寬一寸五分厚七分以托水淋竹

水淋竹 二塊長六尺二寸寬二寸五分以搭濕毡可托經絲兼能洗滌

門坎 二根長六尺寬一寸五分厚六分每根上置竹釘一百箇以管經絲使勿攪亂

攪絲竿 二根長六尺以壓經絲

坡瓦 二根長六尺二寸每根置竹釘一百箇亦管經絲

邊板 一付長六尺寛四寸上置竹槅子兩排一邊五十六塊共一百一十二塊兩邊共二百二十四塊一半開栓口一半穿小眼檔寛二寸三分平列籥筒

撩眼 一塊用竹長六尺作眼五十六箇管經絲以免散亂

起絲竿 一根長六尺如指大管兩邊交口

天平竹 一塊横拱絲竿之中使經絲成交

交棍竹一 一根長三尺一寸前挂天平上後置交滚上使一推一回令經絲成交

木紗幔 二箇安夾象腿上高一尺一寸寬三寸五分卡卩斜深三寸帽頭各開栓卩深一寸五分寬七分擱幔架

花幔 四架六腿五橕長二尺五寸徑一尺六寸架中作方孔頭紡二紡用之幔軸長五尺一寸寬厚均一寸三分

筒幔 一架六腿六橕共十八橕腿長五尺寬厚均一寸二分圓徑一尺九寸五分活幔腿

一根三橼長一尺一寸以便卸經絲

車托坭　二根長二尺五寸寬五寸厚一寸五分

車架耳　二箇高三尺二寸寬五寸厚一寸四分上

開榫口深四寸五分寬三寸一分

車軸　長三尺二寸圍大一尺二寸

活頭　外軸頭用破鞋底縛之以轉幔繩取其活

便不滯

木拐把　長一尺四寸以搖車輪

車輪　圓徑六尺四寸

車標　十根長三尺大六分

耳盤竹　二塊寬七分圓以爲輪

鴉雀口　二十箇長七寸寬七分所以撐輪

攪滾　一箇徑三寸五分厚三寸

交滾　一箇徑一寸八分厚三寸

趕路滾　一箇徑七分長二寸二分軸棍竹長一尺
九寸

抬滾　一箇徑二寸五分厚一寸九分

龍門柱　四根高二尺二寸如指大

幔繩　一根用麻繩套活頭繞交滾四箇拉幔架
一搖全動

貓耳頭　一箇長一尺大二寸五分穿幔繩上

滑車　一箇即絡子

麻辮　一條長三丈圍套車輪及盪板滑車一搖

拉動簆子

管子釘　平列盪板楄上每邊二十八根長七寸以

穿簆子

線筒子　六百五十轉約九十丈紡經計數之長短

分交鍼　一枝用竹長六寸

挂交繩

以交繩挂於活頭上一邊穿貓耳頭繞交滾提路滾

上抬滾托起挂於幔架回繞又挂象腿底邊大攬滾
上連絡一周一繩而兼兩用可令幔轉可令交成此
省便法也

挂麻辮

以麻辮挂於車盤直壓入盪板前挂滑車一上一下
夾帶緷筒使其往來牽轉能紡經五十六箇用力少
而成功速此善法也

蠶桑萃編紡政卷五終

附全四册目録